中华蜜蜂

ZHONGHUA MIFENG

WAIZHOU XIUJUE XITONG XIANGGUAN DANBAI DE
JIANDING YU GONGNENG YANJIU

外周嗅觉系统相关蛋白的鉴定与功能研究

赵慧婷　著

中国农业科学技术出版社

图书在版编目（CIP）数据

中华蜜蜂外周嗅觉系统相关蛋白的鉴定与功能研究 /
赵慧婷著 . -- 北京：中国农业科学技术出版社，2023.12
　　ISBN 978-7-5116-6575-1

　　Ⅰ.①中⋯　Ⅱ.①赵⋯　Ⅲ.①中华蜜蜂—嗅觉—研究
Ⅳ.① S893.2

中国国家版本馆 CIP 数据核字（2023）第 236380 号

责任编辑　王惟萍
责任校对　王　彦
责任印制　姜义伟　王思文

出 版 者　中国农业科学技术出版社
　　　　　　北京市中关村南大街 12 号　　邮编：100081
电　　话　（010）82106643（编辑室）（010）82109702（发行部）
　　　　　　（010）82109709（读者服务部）
网　　址　https:// castp.caas.cn
经 销 者　各地新华书店
印 刷 者　北京捷迅佳彩印刷有限公司
开　　本　170 mm×240 mm　1/16
印　　张　7.5　彩插 1 面
字　　数　140 千字
版　　次　2023 年 12 月第 1 版　2023 年 12 月第 1 次印刷
定　　价　43.80 元

资助项目

现代农业产业技术体系（蜜蜂）建设项目（CARS-44-KXJ22）

国家自然科学基金项目（31040078，31272513，31502021）

山西省自然科学基金项目（201901D211356）

山西农业大学引进人才博士科研启动基金项目（2013YJ37）

山西农业大学科技创新基金项目（2014012）

　　昆虫是自然界中种类最多的生物类群，这些形形色色的昆虫要生存下来就需要最大程度地适应它们各自的栖息地，其中一个最基本的适应能力就是通过嗅觉器官表面的化学感器对周围环境不同化学信息的识别和反应能力。昆虫拥有复杂的嗅觉系统，通常用来感受食物来源、寄主植物、产卵场所、信息交流及异性交配等，因此，嗅觉是昆虫与外界环境进行信息交流的主要手段。对昆虫嗅觉分子机制的深入研究，有利于阐明昆虫内在的生物学行为，解释昆虫与寄主植物的协同进化机制，为资源昆虫的高效利用及农业害虫的生物防治等提供理论依据。

　　蜜蜂作为一种典型的社会性昆虫，具有重要的经济价值和生态价值。从个体羽化至死亡的整个生活阶段，蜜蜂会接受来自蜂巢内外各种物质的刺激，包括嗅觉、听觉、视觉等。由于特殊的生活习性，蜜蜂的听觉和视觉系统相对不发达，而嗅觉对于其众多行为都起着举足轻重的作用。精妙而复杂的嗅觉系统是蜜蜂能够生存和繁衍后代强有力的保证，利用嗅觉系统，蜜蜂能够感知和追踪食物气味的来源、行使采集活动，能够识别性信息素，完成空中交配行为，还能够发现敌害并积极抵御。

　　触角是蜜蜂主要的嗅觉器官，触角表面不同类型嗅觉感器中的嗅觉蛋白及嗅觉神经元是直接参与和影响蜜蜂嗅觉识别的关键因子。20世纪末，Danty等在西方蜜蜂中首次发现了一类触角特异蛋白，这也是在膜翅目昆虫中首次发现的气味结合蛋白。自此，蜜蜂嗅觉相关蛋白被广泛鉴定，其序列特征、基因表达特性及功能等也被关注和研究。

　　著者在山西农业大学攻读硕士和博士期间，师从姜玉锁教授，主要利用分子遗传标记技术对我国境内不同地理型东方蜜蜂系统进化关系及群体亚分化进行了分析；利用 RACE、qPCR、Western、冷冻切片及原位杂交技术研究了中华蜜蜂气味共受体与传统气味受体的序列特征、基因表达及分布特性。参加工作后仍对蜜蜂的嗅觉研究抱有浓厚兴趣，在前期工作基础上，进一步对中华蜜蜂外周嗅觉系统的特点开展了研究，采用扫描电镜技术对中华蜜蜂触角及其表面感器的形态和分布进行了分析，通过转录组学技术鉴定了中华蜜蜂触角嗅觉蛋白，利用原核表达、蛋白纯化、荧光竞争结合实验、钙离子成像、RNA 干扰、触角电位技术，研究了气味结合蛋白、气味受体与气味分子的结合特性，从而为解析中华蜜蜂嗅觉识别机制奠定了基础，同时也为蜜蜂定向授粉及"蜜蜂触角智能传感器"仿生学的开发利用提供了理论依据。

本书主要介绍了中华蜜蜂外周嗅觉系统的特点、嗅觉蛋白鉴定及其功能方面的研究工作，全书共分为六章：第一章综述了昆虫触角感器、嗅觉相关蛋白以及昆虫嗅觉识别机制的研究进展；第二章呈现了中华蜜蜂工蜂和雄蜂触角及其表面化学感器的形态及分布特点；第三章介绍了中华蜜蜂触角转录组测序结果，鉴定了 5 个嗅觉基因家族相关蛋白；第四章研究了中华蜜蜂气味结合蛋白的序列特征、表达特性及与气味分子的结合能力；第五章研究了中华蜜蜂气味受体的 DNA 及 cDNA 全长序列特点及 mRNA 的表达特性；第六章展望了今后的研究方向。本书具有较强的理论性和实践性，可供昆虫学专业师生及科研人员参考。

本书涉及的研究工作内容较多，特别感谢恩师姜玉锁教授在整个研究中给予的深切关怀和悉心指导；感谢山西农业大学马卫华老师、高鹏飞老师在实验设计上的帮助和实验经费上的支持；感谢薛智权老师、刘红霞老师、郭丽娜老师在实验操作上的热心指导；感谢张利环老师、王向英老师在书稿撰写过程中给予的帮助；感谢课题组所有成员以及我的研究生在实验开展中的大力支持与辛苦付出。

由于作者水平的限制，本书中对相关科学问题的解释和分析难免存在不足和不妥之处，敬请广大同行和读者批评指正。

著　者

2023 年 9 月

目录
CONTENTS

目录

第一章

昆虫嗅觉识别机制研究进展

昆虫通过嗅觉来进行觅食、交配和寻找寄主等行为和生理活动，并通过识别信息素、植物挥发物和动物气味等多种化学物质，与种群成员进行联络和信息交流。昆虫嗅觉识别机制以及气味物质与嗅觉蛋白间分子互作的研究，对于制定通过干扰嗅觉行为的控制策略来开发昆虫引诱剂或趋避剂具有现实意义。

第一节　昆虫触角及其嗅觉感器

一、昆虫触角的类型

触角是昆虫最重要的感觉器官，其表面分布着种类和数量繁多的感器，这些感器大小不一，具有不同的超微结构和感受功能，能够感受气流、二氧化碳、湿度和温度等，尤其在嗅觉、味觉感受过程中行使重要的功能。随昆虫种类不同昆虫触角形态也多种多样，但它们也具有共同点，如常成对地、分节段地生长在昆虫两只复眼的中上方，基本由柄节、梗节和鞭节构成，鞭节通常分成很多亚节。鞭节在各类昆虫中变化很大，形成不同的类型，有刚毛状、念珠状、锯齿状、梳状、棒状、片状、扇状、膝状和羽毛状等（图1-1）。

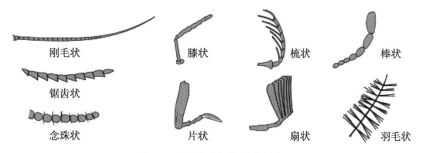

刚毛状　　膝状　　梳状　　棒状

锯齿状

念珠状　　片状　　扇状　　羽毛状

图1-1　不同形态的昆虫触角

二、昆虫嗅觉感器的类型

对于大多数昆虫而言，嗅觉感器主要分布于昆虫的触角，也有一小部分分布于头部的附属器官，如下颚须、下唇须等。在昆虫发育早期，会形成一簇嗅觉感器前体细胞，这些细胞最终形成了嗅觉感器（Endo et al., 2007）。

昆虫触角上着生有多种类型的嗅觉感器，包括毛形感器、刺形感器、锥形感器、腔锥形感器、板形感器等。国内外学者已对多种昆虫的触角感器进行了超微结构的观察。Steinbrecht于1970年首次利用扫描电镜（scanning electron microscopy）对家蚕 *Bombyx mori* 触角上的感器进行了研究，并报道了毛形感器和锥形感器具有嗅觉功能（Steinbrecht，1970）。

（1）毛形感器 sensilla trichodea。一般特点是毛状，基部具窝或突起。因其形态特征存在差异，许多学者根据长短、粗细、弯曲程度等特征将其分为多种亚型。如蜚蠊目昆虫德国小蠊 *Blattella germanica* 有 2 种毛形感器，其中之一是鳞片特化的短毛状感器（肖波等，2009）。鳞翅目昆虫欧洲玉米螟 *Ostrinia nubilalis* 雄虫触角具有 3 种类型的毛形感器。膜翅目昆虫大蜜蜂 *Apis dorsata* 有 4 种不同类型的毛形感器（Suwannapong et al.，2012）。许多研究表明，毛形感器可感受性信息素，在昆虫触角上分布最广、数量最多。

（2）锥形感器 sensilla basiconica。散生于触角上，为端部有孔的圆锥形突起，有臼状窝，端部较钝，比毛形感器明显要短，而且数量要少。这类感器包含多种亚型。锥形感器具有嗅觉感受的功能，同时也兼具机械感受功能，主要用于识别普通的气味分子。

（3）腔锥形感器 sensilla coeloconica。此类感器是一类着生于圆形穴内、呈圆锥状突起的感器，分为 2 种类型：Ⅰ型腔锥形感器具有缘毛，形状像菊花，表皮下陷成浅圆腔，中心有一直立的感觉锥，圆腔周围有 14~16 个花瓣状的缘栓，缘栓上有细纵纹，通常呈弓形向中心弯曲；Ⅱ型腔锥形感器则无缘毛，呈圆锥形，其表皮凹陷，中央生有 1~2 根感觉锥，锥表面有沟纹，表皮凹陷边缘无缘毛或缘刺。Shields 等（1999）报道烟草天蛾 *Manduca sexta* 同时具有这 2 种类型的腔锥形感器。腔锥形感器神经元细胞中存在用以感受外界信息素的气味受体，可能具有嗅觉功能。

（4）板形感器 sensilla placodea。椭圆或纵长形，具板状外壁，着生于椭圆或纵长形穴中，呈长椭圆形盘状结构，四周有脊环绕，高出或与触角表面齐平，数量较多。膜翅目的寄生蜂类常有此类感器，可能具有嗅觉功能。

研究嗅觉感器的形态与结构是探索昆虫嗅觉行为和识别机制的必要前提，而要验证某种感器的具体功能，还需要通过单感器记录（single sensillum recording，SSR）、触角电位技术（electroantennography，EAG）等电生理学实验来证实。

三、昆虫嗅觉感器的基本结构

昆虫的嗅觉感器是由昆虫触角表皮细胞特化形成的一种表皮突起，感器表皮上分布有很多微孔，气味分子可以通过微孔进入嗅觉感器中。嗅觉感器是一个内部中空的腔，腔内充满了毛原细胞分泌感器淋巴液，淋巴液内有水溶性的气味结合蛋白（odorant binding proteins，OBPs）。嗅觉感觉神经元（ORNs）包埋在由鞘原细胞（thecogen cells）、毛原细胞（trichogen cells）、膜原细胞（tormogen cells）所组成的支持细胞层中，具有双极神经元的特征（Steinbrecht et al.，1992）。它的一极伸入嗅觉感器的淋巴液中形成树突，树突膜上分布有气味受体（odorant receptors，ORs），可以与气味分子相互作用；另一极是轴突，一直延伸到触角叶，在那里进行嗅觉信息的加工。每个嗅觉感器内通常存在1～4个感觉神经元，信息进一步传导至更高的神经汇合中心——蕈体（Rützler et al.，2005）。

　　虽然国内学者对触角感器的研究很多，但大多还停留在触角感器的形态、种类及分布上，对昆虫化学感器功能的鉴定需进一步研究。

第二节　昆虫嗅觉识别机制

一、参与昆虫嗅觉识别的相关蛋白

　　昆虫的嗅觉系统可以分为外周嗅觉系统和中枢神经系统，外周嗅觉系统对气味分子进行结合和转运，将化学信号转变为电生理信号并进行传导；中枢神经系统通过轴突传导至昆虫中枢神经系统，进而引发昆虫对气味分子作出识别反应。昆虫外周嗅觉系统中涉及多种蛋白，主要包括OBPs、ORs、离子受体（ionotropic receptors，IRs）、感觉神经元膜蛋白（sensory neuron membrane proteins，SNMPs）、化学感受蛋白（chemosensory proteins，CSPs）和气味降解酶（odorant-degrading enzymes，ODEs）。

1. 气味结合蛋白（OBPs）

　　昆虫OBPs是一类水溶性的小分子蛋白（13～17 kDa），一般由130～150个氨基酸组成。表达的前体蛋白有信号肽，后期加工过程中信号肽被切除形成成熟蛋白。OBPs一般呈酸性，但有研究表明，与已报道的鳞翅目昆虫OBPs酸性等电点（isoelectric point，pI）相比，双翅目昆虫OBPs pI范围更广。在生理pH条件下，双翅目昆虫触角中的OBPs可以带正电荷或带负电荷（Zhou et al.，2008）。此外，从半翅目的长红猎蝽 Rhodnius prolixus 基因组发现的候选OBPs具有更大范围的pI（Mesquita et al.，2016）。根据一级结构中氨基酸残基的数量，OBPs可分为长链OBPs（约160个残基）、中链OBPs

（约 120 个残基）和短链 OBPs（约 100 个残基）。OBPs 的氨基酸序列差异很大，同一物种 OBPs 间的氨基酸同源性可能低于 10%。昆虫 OBPs 一般含有 6 个位置相对保守的半胱氨酸（Cys）。OBPs 通常由 6 个 α-螺旋结构域组成，折叠形成非常紧密和稳定的球状结构。实验证明，6 个 Cys 形成了 3 个连锁的二硫键，其排列方式有助于蛋白质三维结构的稳定性，这似乎也是 OBPs 的一个保守特征。这种 Cys 模式已经成为昆虫 OBPs 的经典特征。昆虫 OBPs 的三维结构常用 X 射线晶体学、核磁共振这 2 种方法进行解析，Sandler 等（2000）首次采用 X 射线晶体学获得了家蚕与蚕蛾醇 bombykol 的 BmorPBP1-bombykol（pH 值 8.2）复合晶体结构，随后 BmorGOBP2 的晶体结构也被解析出来（Zhou et al.，2009），其三级结构由 N-端、α-螺旋、loop 环和 C-端形成一个疏水性的结合腔。

2. 气味受体（ORs）

昆虫 ORs 是一类镶嵌在嗅觉感受神经元细胞膜磷脂双分子层内的具有 7 个跨膜结构域的蛋白，一般由 300～350 个氨基酸组成，类似于 G-蛋白偶联受体（G protein coupled receptor，GPCR）结构，与脊椎动物 ORs 拓扑学结构完全相反，其 N-端位于胞内（N-端无信号肽），C-端位于胞外，在胞内（intracellular，IC）和胞外（extracellular，EC）各形成 3 个 loop 环。ORs 的 loop 环、C-端和 N-端氨基酸序列的长度与其功能特异性是密切相关的，其中具有较大胞外结构的胞外环 2（ECL2）可能是昆虫识别外界气味分子的结合位点（Jacquin-Joly et al.，2001）。昆虫气味受体的结构和其他脊椎动物不同，可能是由于进化过程中形成与之不同的嗅觉系统，使得蛋白质在结构上有着很大的差异。所以昆虫中存在着未知的嗅觉信号转导机制。

3. 化学感受蛋白（CSPs）

昆虫 CSPs 是从多个目的昆虫中鉴定发现的另一类可溶性小蛋白。与 OBPs 相比，CSPs 的分子量更小，组织分布更广泛，可以结合多种化学物质。免疫细胞化学定位研究表明，在嗅觉感器淋巴液中的 CSPs 主要参与昆虫的化学信号传导，如红火蚁 Solenopsis invicta 的 SinvCSP1 在触角中高表达，可能在巢内同伴信号的识别过程中发挥作用（González et al.，2009）。然而，一些在非嗅觉器官中表达的 CSPs 可能参与其他的生物学功能，如发育和分化等。Ozaki 等（2008）从柑橘凤蝶 Papilio xuthus 的前足跗节中鉴定发现 11 个 CSPs。斜纹夜蛾 Spodoptera litura 的 SlitCSP3、SlitCSP8 和 SlitCSP11 在中肠中高表达，与寄主植物的选择有关（Yi et al.，2017）。蝗虫 Locusta migratoria

的 Lmig *CSP-II* 在成虫翅膀上的毛形感器中存在，可能参与了接触化学接受过程（Zhou et al.，2010）。

4. 离子受体（IRs）

IRs 由离子型谷氨酸受体（ionotropic glutamate receptors，iGluRs）家族演化而来，是一类保守的配体门控离子通道。Benton 等（2006）发现了一类新的、与经典的离子型谷氨酸受体结构相似的蛋白家族，这类蛋白存在于果蝇 *Drosophila melanogaster* 触角的腔锥形感觉毛神经元中。IRs 的结构包括胞外的 N-端，由 S1 和 S2 组成的配体结构域，3 个跨膜结构域（TM1-TM3），离子通道孔，以及在胞内的 C-端。因为该蛋白具有和 iGluRs 一样大多数保守区域位于离子通道结构域中，所以推测其可能具有离子通道的功能属性，遂将其命名为离子型受体。此外，研究还发现能表达离子型受体的嗅觉神经元不表达味觉受体（包括 Or83b），提示离子型受体 IRs 很可能是通过介导非 Or83b 依赖的嗅觉信号转导通路的关键分子之一。IRs 发现至今时间虽短，但研究进展迅猛，研究发现 IR84a 能感受来自植物和水果的挥发性物质苯乙醛和苯乙酸，它的功能是将产卵地和取食地选择偶联起来，和性行为有关（Grosjean et al.，2011）。研究还发现将 IRs 错误表达到另一个腔锥形感器神经元后，该神经元具有了新的气味分子敏感性（Spletter et al.，2009）。从神经元反应看，表达 IRs 的细胞反应较慢，但是它的适应性快。该类受体同样存在共表达的受体（co-receptor），但不像气味受体那样仅有一个共受体，该类受体的共受体有 IR25a、IR8a、IR7b、IR293a 等，能辅助特异性 IRs 在树突纤毛上进行定位。除了嗅觉外，IRs 还可以参与昆虫味觉识别。

5. 感觉神经元膜蛋白（SNMPs）

SNMPs 是存在于嗅觉神经元胞体中和树突膜上的特异性蛋白。研究发现 SNMP-1 的结构和功能与 CD36 蛋白家族相似。CD36 家族是可以结合并且运输脂肪的跨膜蛋白，这类蛋白是识别细菌的受体，是免疫系统中的组成部分，而 SNMPs 是 CD36 家族中唯一在神经元中发现的基因。昆虫第一个 SNMP 是 Rogers 等在鳞翅目昆虫多音天蚕蛾 *Antheraca polyphemus* 中发现的，被命名为 SNMP-1，该蛋白被认为是与信息素敏感神经元相关（Rogers et al.，1997）。随后其相继在家蚕、烟芽夜蛾 *Heliothis virescens*、烟草天蛾和甘蓝夜蛾 *Mamestra brassicae* 中也被发现。在 *M. sexta* 和 *M. brassicae* 中还发现了与 SNMP1 相似度较低另一个亚型，被命名为 SNMP-2（Gu et al.，2013）。近来发现在昆虫中部分气味受体可能与表达在嗅觉神经元上的膜蛋白协同作用才能有效地感受外界化学信息。

与 ORs 具有 7 个跨膜结构域不同，SNMPs 具有 2 个跨膜结构域（在 C-端和 N-端各有一个跨膜域）。昆虫 SNMP1 的氨基酸序列同源性为 67%～73%。诸多研究都表明 SNMPs 和昆虫的气味识别有关，另外推测其还具有其他多种功能，如 SNMP 和 OR 或细胞内蛋白相互作用、破坏气味 -OBP 复合物的稳定性、作为信号终止途径移除膜附近的气味分子、保持气味对神经元的浓度梯度、在感器神经元（细胞）间起通信连接作用、保持各神经元的独特性等。

6. 气味降解酶（ODEs）

当气味分子完成对气味受体的刺激后，嗅觉系统会将多余的气味分子降解掉，不仅避免了嗅觉器官受到连续的化学刺激，同时还减小了信号饱和性的干扰。气味降解酶参与了气味分子的降解过程。研究发现在昆虫触角中高水平表达的气味降解酶类，包括谷胱甘肽-S-转移酶（GST）、细胞色素 P450 氧化还原酶、酯酶（EST）、醛氧化酶（AOX）等（Merlin et al., 2005）。

ODEs 在昆虫触角中专一性表达，并且在雄蛾触角中的相对表达量明显高于雌蛾。第一个气味降解酶——酯酶是 Vogt 等（1985）在多音天蚕蛾触角中发现的，能够降解多音天蚕蛾性外激素中的乙酸酯成分，且酯酶的基因在雄蛾触角中特异性表达。Snyder 等（1995）从烟草天蛾触角中克隆到了谷胱甘肽-S-转移酶序列，随后在棉铃虫 *Helicoverpa armigera*、烟芽夜蛾中也得到了这类酶。谷胱甘肽-S-转移酶可以使醛类物质失活。Feyereisen 等（1989）发现了昆虫第一个 P450 细胞色素氧化还原酶。与昆虫中气味结合蛋白和气味受体研究相比，对昆虫气味降解酶的研究比较少。

对于气味分子降解过程的机制，目前存在两种不同的观点，一种观点认为信号的失活是由气味降解酶来起作用；另一种观点认为化学信号通过气味结合蛋白先失活，气味降解酶参与到之后的信息素分解的过程中。到目前为止，在分子水平上对 ODEs 的研究还较少。

二、昆虫嗅觉识别的基本过程

昆虫对气味物质识别的过程大致包括以下 4 个步骤（图 1-2）：①疏水性的气味分子通过扩散作用从嗅觉感器表皮上的微孔进入感器腔内；②到达感器腔内的气味分子，不能直接穿过亲水性的淋巴液，必须与 OBPs 或 CSPs 结合形成气味分子-OBP/CSPs 复合体，然后被运送到嗅觉神经元树突膜上，与树突膜上的 SNMPs 和 ORs 相互作用；③细胞膜的通透性发生改变，引起神经元产生动作电位，沿轴突再传入触角叶，并在这里对各种电信号进行整合和编码，之后传入中枢神经，释放神经冲动，从而控制昆虫产生特定的生理和行为反应；④气味分子在 OBP 作用下又迅速失活，在气味降解酶作用下降解，从而保持昆虫嗅觉系统的敏感性和特异性。

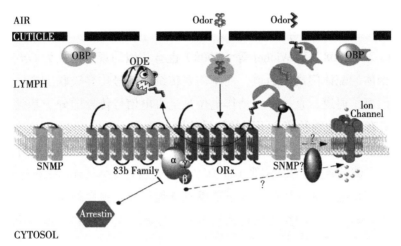

图 1-2　昆虫嗅觉神经元树突膜上发生的分子作用（Rützler et al.，2005）

三、昆虫嗅觉信号转导途径

从线虫到脊椎动物，ORs 均是跨膜 7 次的 G 蛋白偶联受体（GPCRs），其嗅觉信号转导途径都是采用 cAMP 第二信使机制。当 ORs 与气味分子结合后，激活 G 蛋白，产生第二信使，引发级联反应，其中的 cAMP 途径和 IP3 级联反应是其两种主要的信号转导途径，这就是经典的 G 蛋白偶联级联反应。但研究发现昆虫电化学信号的转导却与经典的信号传导途径不同。首先，昆虫的 ORs 与其他物种的 ORs 缺乏同源性，其次其拓扑结构与普通的 ORs 完全相反，即 N-端在膜内，而 C-端则暴露在感觉神经元膜表面。昆虫 ORs 在介导气味分子的信号传递时，必须与 Or83b 形成异源二聚体。Sato 等（2008）和 Wicher 等（2008）同时发布了一个昆虫信号转导的新模型：ORs 通过与 Or83b 形成二聚体，组成了一个非选择性的阳离子配体门控通道，进行信号传递。

Wicher 等（2008）提出了一个双重模型：气味分子与气味受体结合后，当气味分子浓度较低时，ORs 活化 G 蛋白，产生 cAMP 作为第二信使，但 cAMP 并不按照传统的信号传导途径引起级联反应，而是缓慢作用于 Or83b 配体门控离子通道，引起 Na^+ 和 Ca^{2+} 内流，导致膜去极化，产生一个持续而长久的动作电位；而当气味分子浓度较高时，ORs 直接活化 Or83b 配体门离子通道，这时产生的却是一个快速而短暂的动作电位。Sato 等（2008）重复了 Wicher 等（2008）的实验，却提出了完全不同的观点：气味分子作用于 ORs 后，不需要借助于 G 蛋白形成第二信使，而是直接使异源二聚体配体门控离子通道打开，阳离子进入到细胞内，导致膜的去极化，从而产生动作电位。

Sato 等（2008）和 Wicher 等（2008）也有相似的观点，认为 Or83b 形成异源二聚体的配体门离子通道，而不需要传统的信号传导级联反应，通过打开配体门离子通道，直接产生动作电位是昆虫电信号传导的分子基础，这表明昆虫具有与其他物种完全不同的信号传导途径。

在这些研究基础上，科学家又不断对昆虫气味识别中的信号转导途径及机制提出了新的观点。Jones 等（2005）认为共表达受体（co-receptor，Orco）亚基在没有传统气味受体的情况下能够独立地形成功能性的离子通道，传统气味受体对离子通道的改变起间接的作用。而 Pask 等（2013）提出传统气味受体不仅只是在识别特异性气味分子中起作用，它们可以同 Orco 一样直接对信号转导过程中离子通道的改变起到直接的作用。Röllecke（2013）研究小组报道了一项新的发现，阿米洛利衍生物作为一种药物阻断剂可以高效地阻断昆虫气味受体离子通道间的离子流，从而影响气味受体对气味分子的信号转导作用。这两项新的发现不仅可以为今后更详细地研究昆虫化学感受信号转导机制提供新的方法，还可为探讨昆虫气味受体药理和生物物理特性方面的功能提供新的思路。

四、影响昆虫嗅觉识别的因素

昆虫触角通过 ORNs 接收外部环境的各种气味信号，各类信号通过中枢神经系统将信息整理，进而调控昆虫具体的行为活动。昆虫嗅觉感受系统的特异性或灵敏性会随着昆虫自身生理状态发生变化，从而导致嗅觉行为的差异，而不同生理条件在外周和中枢神经水平都有可能发生。昆虫常常根据交配、取食、产卵等的行为需求调节对各种嗅觉信号的识别。而嗅觉识别受多种因素的影响，如嗅觉敏感性会随着昆虫的不同发育日龄而发生显著变化。果蝇的 OR47b 嗅觉神经可以特异性地识别棕榈油酸。根据单细胞记录表明，随着日龄的增加，果蝇嗅觉神经对棕榈油酸的反应强度不同，7 日龄果蝇嗅觉神经对棕榈油酸的反应值明显高于低日龄对棕榈油酸的反应值（Lin et al., 2016）。对食物的需求程度同样影响昆虫外周神经元的反应，饱腹和饥饿的不同状态能明显影响果蝇 ORs 嗅觉神经的反应。尤其对于厩螫蝇 *Stomoxys calcitrans*、长红锥蝽 *Rhodnius prolixus* 这类的昆虫取食状态更能明显地影响其嗅觉敏感性，越饥饿越能引起它们对食物气味的敏感。另外，昆虫在交配前后的嗅觉状态是不同的，交配前更多的是引起昆虫触角对性信息素信息的捕捉，在交配后对性信息素信息的捕捉能力减弱，而对除性信息素气味之外的信息敏感。检测灰翅夜蛾 *Spodoptera mauritia* 交配前后触角 EAG 反应值发现，交配后的外周嗅觉神经对性信息素 EAG 响应值明显降低（Kromann et al.，2015），反而对植物挥发物的 EAG 响应值有明显增强。除以上生理状态因素外，昆虫对气味嗅觉的识别还与节律相关，果蝇对嗅觉刺激的 EAG 反应具有强烈的昼夜节律，出现在光期 EAG 值呈增强趋势，在暗期时 EAG 值减弱的趋势，这种昼夜调节会对依赖这种感觉方式的生物产生深远的行为影响。

除此之外，昆虫嗅觉识别还与外周嗅觉蛋白如 OBPs 和 ORs 的参与有关，甚至外周嗅觉系统的 OBPs 和 ORs 表达是影响嗅觉识别的关键。研究冈比亚按蚊 *AgOR1* 基因，发现其在雌虫触角高表达，但当冈比亚按蚊吸食寄主的血液之后 *AgOR1* 基因的表达会呈下降趋势。各类激素能通过调控嗅觉相关基因的表达，而影响嗅觉神经的敏感性，例如，保幼激素能够调控果蝇感受性信息素神经的敏感性，影响发育时间及相关交配行为。神经递质也可调控昆虫的嗅觉，利用 RNA 干扰（RNA interferenc，RNAi）多巴胺受体会降低小地老虎 *Agrotis ypsilon* 对性信息素的敏感性（Abrieux et al.，2013）。胰岛素同样在嗅觉识别中起作用，如在果蝇中，饱腹状态时高浓度的胰岛素能够抑制嗅觉神经的敏感性，饥饿状态时胰岛素浓度降低，嗅觉神经恢复敏感，促进觅食行为（Root et al.，2011）。

第三节　昆虫 ORs 的研究进展

一、昆虫 ORs 的鉴定

昆虫第一个气味受体基因是在果蝇中通过全基因组测序技术被鉴定出来的。此后随着转录组和基因组学技术的不断成熟和完善，越来越多的昆虫 ORs 基因得到了鉴定。ORs 基因数目在不同物种间具有显著差异，如果蝇中发现了 62 个 ORs 基因，家蚕 *Bombyx* 中鉴定出 49 个，冈比亚按蚊有 79 个，在

西方蜜蜂 *Apis mellifera* 中鉴定出 170 个，而丽蝇蛹集金小蜂 *Nasonia vitripennis* 触角中鉴定出 301 个，赤拟谷盗 *Tribolium castaneum* 中鉴定出 341 个，红火蚁中鉴定出 485 个，前裂长管蜂 *Diachasmimorrpha longicaudata* 转录组中鉴定到 689 个，创下新高。值得注意的是，膜翅目中社会性昆虫的 ORs 通常都有几百个，在昆虫纲中属于数量较多的类群。ORs 进化研究发现，蚂蚁和黄蜂类群的 OR 基因家族在进化过程中发生了显著扩张，尤其是 9-外显子亚家族（Ferguson et al.，2021；Legan et al.，2021），这种扩张与社会性进化同步，从进化角度揭示了社会性昆虫 ORs 数量较多的原因，证明了嗅觉在其社会活动中的重要作用。社会性昆虫相较于独居昆虫需要进行更多的种内巢群间和巢群内化学信号交流，如对蜂王素、表皮碳氢化合物等的检测和识别。

二、昆虫 ORs 的组织和时空表达特性

气味受体基因是昆虫关键嗅觉基因，而触角是昆虫最主要的嗅觉感受器官，由此看来绝大多数 ORs 应该在触角中显著表达，目前已有大量研究证明了该观点。例如，利用 RT-PCR 研究周氏啮小蜂 *Chouioia cunea* 的 16 个 ORs（包括 Orco）分别在雌、雄虫的触角、头部、胸部和腹部中表达情况，结果表明绝大多数 ORs 在触角中特异性或显著高表达（Zhao et al.，2016）。当然，ORs 在其他嗅觉器官中有时也会出现表达偏好。如果蝇的气味受体基因有的在触角中特异性表达，也有的被发现同时在触角和足中表达（Clyne et al.，1999）。冈比亚按蚊中已经鉴定出 79 个 ORs，有 80% 能特异性在嗅觉器官中表达，其中的 4 个可以同时在足和触角中表达，而 Orco 主要表达在触角中，下颚须和喙中也能检测到（Grosjean et al.，2011）。另外有少数 ORs 基因在非嗅觉组织中高表达，如沟眶象 OR50 和 OR52 在雄虫睾丸中高表达，臭椿沟眶象 OR4 在雌虫卵巢中高表达（路艺等，2021），这些基因可能响应生殖细胞的发育或其他生殖过程。

ORs 基因在同一种昆虫的不同发育时期表达情况也存在一定差异，这可能与不同发育阶段下外界环境和昆虫行为差异较大有关。如蜜蜂是社会性昆虫，不同发育时期的表达差异可能与其劳动分工有关。麦茎蜂 *Cephus cinctus* 被测的 8 个气味受体基因绝大多数在成虫期高表达，仅 CcinOR46 在蛹期高表达，而幼虫期所有被测基因表达水平都较低。麦茎蜂幼虫期生活环境仅限于小麦茎秆内部，化学通信要求较低，这可能是幼虫期气味受体基因表达匮乏的原因，且该阶段味觉受体和离子型受体表达水平也较低（Gress et al.，2013）。梨小食心虫 OR 基因随雌虫日龄的增加，呈现先上升后下降的趋势，且在

3 日龄雌成虫触角中相对表达量最高，可能与梨小食心虫的行为活动高峰主要在 3 日龄有关（陈丽慧等，2019）。

三、昆虫 ORs 的功能研究

昆虫识别气味信号是通过功能特异性异源复合体，该复合体由一个 Orco 和一个传统气味受体 ORs 组成。Orco 的分子结构在不同昆虫间高度保守，不能与气味配体直接结合，且只有一种，传统气味受体 ORs 基因序列在不同物种间高度分化，序列同源性很低，这可能与不同物种对不同气味敏感性不同有关。Orco 广泛表达于昆虫的嗅觉感受器官中，存在于几乎所有的嗅觉神经元中，进化上早于特异性 ORs 的出现；可以将 ORs 运送到神经元树突上进行定位并维持其稳定性，提高 ORs 对气味分子反应的效率，传统气味受体在嗅觉神经元表达量低并且具有选择性。

在对冈比亚按蚊、烟芽夜蛾和果蝇中的研究发现，缺失 Orco 后，昆虫变得对气味不敏感，重新导入后又恢复正常（Jones et al.，2005）。RNA 干扰 Orco 后，白纹伊蚊 *Aedes albopictus* 无法识别寄主气味信息（Liu et al.，2016）。敲除埃及伊蚊 *Aedes aegypti* 的 Orco 后雌虫失去了对 DEET 的趋避感受（Matthew et al.，2013）。这充分说明了在昆虫的嗅觉识别过程中 Orco 发挥着不可或缺的作用。传统气味受体的功能研究近年来也是研究的热点，利用非洲爪蟾 *Xenopus laevis* 卵母细胞异源表达昆虫 ORs 或者 IRs，适用于大规模筛选鉴定昆虫的性信息素受体的化学配基。常用的异源表达细胞有人胚肾细胞 HEK293、爪蟾 *Xenopus oocytes* 卵母细胞，还有昆虫果蝇 S2 细胞、草地贪夜蛾 *Spodoptera frugiperda* Sf9 细胞等。

在与气味分子的结合方面，传统气味受体 ORs 具有编码气味配体的专一性和敏感性。利用空神经元 Aab3A 系统对果蝇触角所有 ORs 对气味分子的编码特征时发现，果蝇具有和哺乳动物一样的组合式编码特征，即每个 OR 能被多种气味分子激活，而每种气味分子也可以激活多个 ORs，不同 ORs 对不同种类的气味反应谱范围也不同，有的宽、有的窄，ORs 还能决定嗅觉神经元是兴奋还是抑制的反应模式。如 Or82a 是典型的只能被乙酸香叶酯激活的窄调节受体，Or67a 则是典型的能被大多数气味分子激活的宽调节受体（游银伟，2017）。属于窄调节受体的还有棉铃虫 HarmOR13，只识别 Z11-16Ald。西方蜜蜂 *Or151* 在工蜂中高表达并能结合芳樟醇；*AmOr11* 在雄蜂中表达并特异性识别 9-氧代-2-癸烯酸（9-ODA）(Wanner et al.，2007）。

除了在体外进行 ORs 功能研究外，还可利用 RNAi、基因编辑等技术在昆虫体内进行。RNAi 技术发展早且相对成熟，具有简单、便捷的特点，在半翅目和膜翅目昆虫气味受体功能验证研究中得以广泛应用。例如，平腹小蜂 Anastatus japonicus 的 AjapOR10、AjapOR11、AjapOR27、AjapOR29、AjapOR33、AjapOR34 及 AjapOR35 与 8 种来自植物和寄主的气味物质对应关系即通过相应的 dsRNA 注射结合电生理和行为学实验确定。发现 AjapOR10 对（+）-香橙烯、AjapOR34 对（+）-香橙烯和顺-3-己烯醇以及 AjapOR35 对（E）-α-法尼烯、β-石竹烯和顺-3-己烯醇的感受作用（Wang et al.，2017）。与 RNAi 技术相比，CRISPR/Cas9 技术能够彻底沉默目的基因表达，因此结果更为准确且能稳定遗传。该技术可以实现同时剪切靶基因上多个靶标位点，设计更加灵活。但也具有一定局限性，例如，基因编辑技术步骤较为复杂，需要通过多代筛选来获得纯合突变品系，操作过程对仪器平台以及操作人员熟练程度要求较高。同时，该系统存在一定的脱靶现象，但通过两个 sgRNA 靶标一个基因可以有效降低脱靶率。Liu 等（2020）利用"体外（爪蟾卵母细胞表达系统）+ 体内（CRISPR/Cas9 技术）"双系统证实了 PxylOR35 和 PxylOR49 共同决定小菜蛾 Plutella xylostella 雌蛾的产卵选择性，揭示了小菜蛾雌虫利用植物挥发物定位寄主进行产卵的关键分子机制。Guo 等（2021）发现鳞翅目中存在一个高度保守的直系同源基因（棉铃虫气味受体基因 HarmOR42 及其同源基因）且形成独特的进化分支，并通过"体外（爪蟾卵母细胞表达系统）+ 体内（CRISPR/Cas9 技术）"双系统证明了 HarmOR2 能够特异识别被子植物花香的主要挥发物苯乙醛（phenylacetaldehyde），说明该受体在鳞翅目昆虫寻找寄主植物特别是花的过程中发挥至关重要的作用。

第四节 昆虫 OBPs 研究进展

一、昆虫 OBPs 的鉴定

自 1981 年在多音天蚕蛾雄性触角发现信息素结合蛋白（pheromone binding proteins，PBP）以来，利用同源克隆、基因组学和转录组学技术分析方法已经在多种昆虫中鉴定出大量 OBPs。如在鳞翅目昆虫中，从棉铃虫、烟青虫 Helicoverpa assulta、印度谷螟 Plodia interpunctella、草地螟 Loxostege sticticalis 中分别鉴定出 34 个 HarmOBPs、27 个 HassOBPs、29 个 PintOBPs、

34 个 LstiOBPs。在双翅目昆虫中，冈比亚按蚊和中华按蚊 *Anopheles sinensis* 基因组中分别鉴定得到 66 个 AngOBPs 和 64 个 AsinOBPs；鞘翅目昆虫云斑天牛 *Batocera horsfieldi* 中鉴定出 7 个 BhorOBPs。膜翅目昆虫中红侧沟茧蜂 *Microplitis mediator* 触角中鉴定出 20 个 MmedOBPs，西方蜜蜂基因组中鉴定出 21 个 AmelOBPs；半翅目昆虫苜蓿盲蝽 *Adelphocoris lineolatus* 触角中鉴定到 14 个编码 AlinOBPs 的基因。

二、昆虫 OBPs 的表达

研究表明大多数的 OBP 在触角中特异性表达，随着被鉴定的 OBP 基因家族成员的增加，发现并不是所有的 OBP 基因都在嗅觉器官中表达，在昆虫基因组中预测到的所有 OBP 并非都是嗅觉蛋白，如果蝇 OBP 基因家族包括 51 个假定的 OBP，但只有 7 个被证实在成虫的嗅觉器官中有特异性表达（Hekmat-Scafe, et al., 2002）；冈比亚按蚊 *Anopheles gambiae* 基因组中有 66 个编码蛋白质的基因被归类为 OBPs（Biessmann et al., 2005），但研究已经证明，这些基因编码的蛋白有的可以在非感觉器官中找到，OBP 可能具有不同的生物学功能并与其他结构相关联，黑花蝇 *Phormia regina* 中存在一种 OBP 负责膳食脂肪酸的溶解（Ishida et al., 2013）；吸血昆虫黑库蚊 *Culex negripalpus*（Ribeiro et al., 2014）和锥蝽 *Rhodnius prolixus*（Smartt et al., 2009）的肠道转录组中发现了 OBP，表明这些蛋白质可能与营养物质或其他参与肠道功能的分子的运输有关；在棉铃虫和埃及伊蚊产生信息素的腺体和生殖器官中也观察到了 OBP，它们可能参与了向环境中释放化学信息素的过程（Sun et al., 2012）。Guo 等（2021）研究了中华蜜蜂 *Arpis cerana cerana*（简称中蜂）*OBP10* 在非生物胁迫作用下的表达模式。研究表明，*AcerOBP10* mRNA 在毒腺中的表达水平高于其他组织；低温（4℃）、过氧化氢（H_2O_2）、哒螨灵、灭多威和吡虫啉上调 *AccOBP10* 转录本的表达，而高温（42℃）、紫外光、维生素 C、氯化汞、氯化镉、百草枯和辛硫磷下调 *AccOBP10* mRNA 转录本的表达。

三、昆虫 OBPs 的功能研究

OBPs 在昆虫嗅觉系统中发挥着多种重要功能，主要包括：①特异性识别并结合外界环境中的气味分子，过滤掉自身不需要的或有毒有害物质；②作为载体，运输疏水性的气味分子到达嗅觉神经元树突膜上的受体蛋白，调节昆虫对气味物质的反应；③保护气味分子不被 ODEs 降解；④在气味分子刺激受体后迅速地使其失活，避免持续刺激导致嗅觉神经元过度兴奋；⑤清除感器淋巴液中不需要的或有毒的物质。

PBPs 对信息素具有很强的结合特异性，如家蚕 BmorPBP1 只能特异性识别蚕蛾醇 bombykol。但也有证据表明，除了性信息素组分及其类似物，PBPs 还可以与普通气味物质结合。相对于 PBPs 来说，GOBPs 具有相当广泛的配体亲和特性，能够结合多种不同种类的气味物质，如宿主植物挥发物，性信息素组分等。在早期的 PBPs 结合特性研究中，经氚及放射性标记的信息素常被用于定性结合分析。随着重组蛋白的可用性，一种不需放射性配体的"冷冻结合分析法"被开发，能够在单一实验中从有机混合物中鉴定出 OBPs 的最佳配体。

目前，荧光竞争结合实验（fluorescence competitive binding assay）是研究 OBPs 候选配体结合特性最常用的方法，可通过比较 OBPs 与生理相关化合物的结合亲和力，评估它们优先转运某些配体的能力。该方法需要一种与目标蛋白质具有一定亲和力的荧光探针，比如 1-氨基蒽（AMA）、1-苯胺-8-萘磺酸（ANS）和 N-苯基-1-萘胺（1-NPN）。Zhao 等（2015）比较了中蜂 *AcerOBP5* 和意大利蜜蜂 *AmelOBP5* 两基因的序列、时序表达模式，并利用荧光竞争结合实验检测了该两个基因与白垩病感染的蜜蜂幼虫挥发性化合物的成分苯甲醇、2-苯乙醇和乙酸苯乙酯 3 种配体的结合特性；吴帆（2016）通过体外诱导 AcerOBP12 重组蛋白的表达，探究了 AcerOBP12 与吡虫啉的结合机制；Song 等（2018）利用荧光竞争结合实验研究了东方蜜蜂 AcerOBP11 与蜜蜂多种信息素成分，包括蜂王上颚腺信息素（QMPs）、对羟基苯甲酸甲酯（HOB）和 *E*-9-氧代-癸二烯酸（9-ODA）等的结合特性。

在找不到合适荧光探针的情况下，通过测定色氨酸的固有荧光以监控配体结合特性也是可行的。如对多音天蚕 ApolPBP1 与其信息素混合物组分（E6, Z11）-六癸二醛、(E6, Z11)-六癸二烯基-1-乙酸盐和（E4, Z9）-四癸二烯基-1-乙酸盐之间的固有荧光变化进行观察，发现 ApolPBP1 存在 3 种不同类型的配体结合模式。

此外，OBPs 还可以与非挥发性代谢物相结合。果蝇 DmelOBP49a 能够直接与苦味物质结合，并将其转运到味觉受体上（Jeong et al., 2013）；苜蓿盲蝽 *Adelphocoris lineolatus* 和三点盲蝽 *Adelphocoris fasciaticollis* 口器中高度表达的 OBP11 可以优先结合寄主植物的非挥发性次生代谢物，在味觉感受系统中发挥重要作用（Sun et al., 2016；Li et al., 2019）。

第二章 中华蜜蜂触角感器的分布与鉴定

昆虫触角是感受外界化学信息的主要器官，这种感受能力主要是通过触角上许多微观的不同类型的感器来实现的。触角感器连接了昆虫内部神经系统与外部环境的信息交流。对触角感器的形态和类型的研究能促使我们更好地理解化学信息素及其行为反应间的相关性。由于不同环境压力的作用，长期适应性进化使昆虫触角上着生有不同类型的感器，且执行不同类型的生物学功能。目前，扫描电子显微镜技术仍是研究昆虫触角感器类型特征的有效手段。

早期报道的有关中蜂扫描电镜的图片资料分辨率不高，另外缺乏对雄蜂触角感器的资料描述。因此，本研究在前人工作基础上又进一步描述和比较了中蜂工蜂与雄蜂触角感器的形态、类型及其分布规律，旨在深入了解中蜂的化学感受系统，以期为中蜂生物学、行为学及从化学生态学角度深入开展中蜂对环境改变的适应性研究提供参考数据。

第一节　实 验 设 计

一、材料与方法

1. 供试昆虫

中蜂采自山西农业大学养蜂场。从健康蜂群中随机抓取刚刚出房的工蜂和雄蜂各 5 只，用镊子将触角从基部的触角窝里完整取下，立即投入用磷酸缓冲盐溶液（PBS）稀释的 2.5% 戊二醛固定液中固定 24 h。

2. 样品制备与扫描电镜

将固定后的样品先用 PBS 清洗，之后依次用 30%、50%、70%、80%、90%、100% 的乙醇溶液进行梯度脱水，每次 15 min，其中 100% 乙醇脱水 2 次。

将脱水后的样品用导电胶带固定在样品台上，用离子溅射镀膜仪（JEOL JFC-1600，日本）喷射铂金；喷镀完成后将样品放入扫描电子显微镜（JEOL JEM-6490 LV，日本）中进行观察和拍照。

3. 图像处理及命名方法

扫描电镜的图片用 Photoshop CS3 进行处理。触角表面感器类型的命名和分类主要参照 Schneider（1964）及 Onagbola 等（2008）的标准来描述。触角感器的大小使用 TEM 粒径测量软件进行测量，同一类型的感器至少测量

10 个个体取其平均值。

二、结果与讨论

1. 中蜂触角的基本形态

昆虫头部着生的一对形态各异的触角，是其接受和传递信息的重要结构。中蜂成年工蜂和雄蜂的颜面中央各着生有 1 对膝状触角，均由柄节（scape）、梗节（pedical）和鞭节（flagellum）3 个部分组成（图 2-1）。

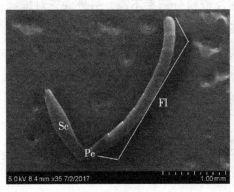　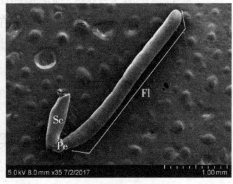

（a）工蜂触角　　　　　　　　　（b）雄蜂触角

Sc—柄节；Pe—梗节；Fl—鞭节。

图 2-1　中蜂触角扫描电镜图

柄节呈纺锤形，两端较细，中间略粗，工蜂柄节比雄蜂的修长，前者长约 1.24 mm、宽约 0.26 mm，后者长约 0.80 mm、宽约 0.27 mm。梗节呈管状，工蜂和雄蜂梗节长度相近，约 0.15 mm，工蜂梗节上刚毛数量较雄蜂多。鞭节呈圆柱形，工蜂鞭节较雄蜂鞭节稍短而细；工蜂鞭节有 10 个小节，总长约 2.56 mm，宽约 0.19 mm，第一鞭节基部较细，第二鞭节在所有鞭节中最短，约 0.13 mm，其余鞭节长度相近，平均约为 0.27 mm，第十鞭节端部钝圆；雄蜂鞭节有 11 个小节，长约 2.80 mm，宽约 0.24 mm，第一鞭节和第二鞭节较其他鞭节短，第三鞭节较长，其余各鞭节长度相近。

中蜂触角的柄节、梗节及鞭节的第一、第二小节上包被着鳞片，鳞片排列整齐，层层相叠，从第三鞭节至末端鞭节为感器聚集区，分布有许多形态不同的感器。整体来看，工蜂触角各节段比雄蜂的修长，而雄蜂触角较粗壮，这与两型蜂个体差异相吻合。

2. 中蜂触角感器的类型

工蜂和雄蜂触角的差异不仅表现在形态和触角节数的多少，而且其感器的种类、数量和分布也存在明显差别。许多昆虫也都具有类似的二型差异性特征。

通过扫描电镜观察，在工蜂和雄蜂触角上共发现了8种不同类型的感器，包括毛形感器（sensilla trichodea，Str）、板形感器（sensilla placodea，Spl）、锥形感器（sensilla basiconca，Sba）、刺形感器（sensilla chaetica，Sch）、栓锥形感器（sensilla styloconica，Sst）、钟形感器（sensillum campaniformia，Sca）、坛形感器（sensillum ampullaceum，Sam）和腔锥形感器（sensillum coeloconica，Sco），以及多种形态的刚毛（setae，S）。

（1）刚毛（setae）。刚毛主要分布在触角的柄节、梗节和第一、第二鞭节上，末端较尖，壁较厚。杜芝兰（1989）报道，中蜂的刚毛有针状、刀状、圆柱状和末端成钩状4种类型。本研究中对刚毛的形态也做了类似的描述，由图2-2可见工蜂柄节上密被松针状刚毛，较长，梗节上的刚毛没有柄节上的密集。雄蜂柄节背部有少许针状的刚毛，腹部多为羽状刚毛（图2-3）。松针状、针状和羽状刚毛上均有刻纹。工蜂触角从第一鞭节底部开始向上是毛形刚毛，在第一鞭节末端逐渐出现马刀状刚毛，第二鞭节则布满了马刀状刚毛。毛形刚毛表面光滑，尖端稍向上弯曲。马刀状的刚毛表面亦光滑，毛体扁平且凹陷，但末端较尖。雄蜂第一鞭节上均为匍匐状的针状刚毛，分布较均匀、整齐；第二鞭节的刚毛散布较凌乱，长短不一；雄蜂触角鞭节上无马刀状刚毛。

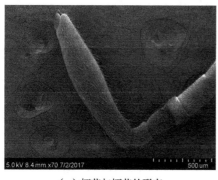

（a）柄节与梗节的形态　　　　　　　（b）松针状刚毛

图 2-2　中蜂工蜂触角刚毛扫描电镜图

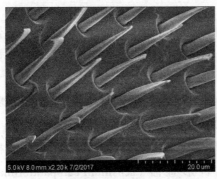

（c）马刀状刚毛　　　　　　　（d）Böhm 氏鬃毛

图 2-2（续）

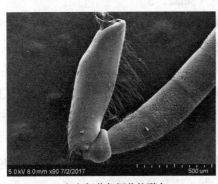

（a）柄节与梗节的形态

（b）羽状刚毛

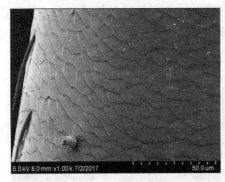

（c）针状刚毛

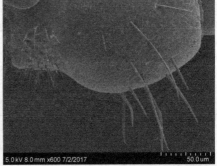

（d）Böhm氏鬃毛

图 2-3　中蜂雄蜂触角刚毛扫描电镜图

（2）Böhm 氏鬃毛（Böhm bristles）。在工蜂和雄蜂梗节的基部，均有一簇刚直如刺的感器（图 2-2d，图 2-3d），直立于触角表面，其长度约为 11.2～12.3 μm，表面光滑无孔，有基窝，称为 Böhm 氏鬃毛。Böhm 氏鬃毛为一种感受重力的机械感器，当遇到机械刺激时能够缓冲重力的作用力，从而控制触角位置下降的速度。在染翅华蝎蛉 *Sinopanorpa tincta* 和中华蚊蝎蛉 *Bittacus sinensis* 的研究中发现，Böhm 氏鬃毛具有介导昆虫飞行中的定位功能，当将它们从基部消融掉后，触角会与翅碰撞，从而阻碍翅的运动和触角的作用（Shields et al.，2001）。

（3）板形感器（Spl）。工蜂与雄蜂的板形感器从第三鞭节到末鞭节均有分布，在柄节、梗节及一、二鞭节上均无此类感器。板形感器为椭圆形的圆盘状结构，表面有许多辐射状的沟壑从盘中央延伸开来，沿沟壑密布小孔（图 2-4c）。雄蜂的板形感器比工蜂的分布密集。从扫描电镜结果来看，板形感器分两种类型：一种是凹陷在触角表面的，命名为板形感器 I（Spl I）（图 2-4a），此类型板形感器四周有脊环绕，沟壑也较深，在第三、第四鞭节上分布较多；另一种是表面较平坦的，命名为板形感器 II（Spl II）（图 2-4b），多分布在第三鞭节以上各鞭节上，其沟壑相应的也较浅。早期文献中未见对蜜蜂触角板形感器进行分类描述。

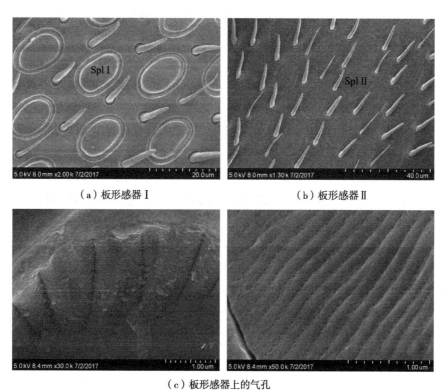

（a）板形感器 I　　　　　　　　　　（b）板形感器 II

（c）板形感器上的气孔

Spl I—板形感器 I；Spl II—板形感器 II。

图 2-4　中蜂触角板形感器扫描电镜图

板形感器是膜翅目蜜蜂总科昆虫触角上最多的一种感器。Lacher 等（1963）报道板形感器具有嗅觉功能，对蜂王物质和从 Nasanov 腺体中分泌的信息素比较敏感，且雄蜂比工蜂的感受能力高。在其他昆虫中，板形感器也被认为是嗅觉感器，感器上的微孔可以让外界气味分子进入感器淋巴腔，与淋巴液中的 OBPs 结合（Ahmed et al.，2013）。

（4）毛形感器（Str）。毛形感器在目前研究的昆虫类群中都有分布，包括膜翅目、鳞翅目、双翅目、鞘翅目、半翅目、等翅目、蜚蠊目、革翅目、广翅目、脉翅目、同翅目、缨翅目、长翅目和直翅目类群的昆虫触角上都发现有毛形感器的存在，可以初步认为其是分布最广的触角感器类型之一。在中蜂工蜂触角上毛形感器分布较多，且在各鞭节上分布都较均匀。毛形感器表面光滑，看起来较为柔软，有臼状窝。

在工蜂触角鞭节上，散布着 4 种类型的毛形感器，分别为毛形感器 A、B、C、D，与 Esslen 等（1976）报道的意蜂及杜芝兰（1989）报道的中蜂毛形感器的类型相一致。4 种类型的毛形感器表面均光滑。毛形感器 A（图 2-5a）较粗壮，有臼状窝，尖端向上弯曲，稍钝，平均长度约为 13 μm，相对于触角表皮较直立。此类型的毛形感器分布最广，Ågren 称毛形感器 A 是一种机械感器（Ågren，1978）。毛形感器 B 细而尖，有臼状窝，毛状，形状略呈"S"形，平均长度约 15 μm（图 2-5a）。毛形感器 C 和毛形感器 D 呈长毛状，整体较尖细，无臼状窝，C 稍直或呈"S"形曲线弯曲，D 的弯曲程度较大，尖端弯向触角表面，另外毛形感器 C 的尖端比毛形感器 D 的更尖（图 2-5a），多分布在各鞭节的边缘部位，本研究结果与杜芝兰（1989）报道的中蜂毛形感器 C 和中蜂毛形感器 D 的形态及分布略有差别。

雄蜂也具有类似工蜂的 4 种类型的毛形感器（图 2-5b），但在 3～5 鞭节上数量较少，且分布不均匀，C 型和 D 型的毛形感器多分布在末端鞭节上。总体来看工蜂触角上的毛形感器的数量比雄蜂的多而且分布均匀。

毛形感器是植食性昆虫触角上分布最广、数量最多的感器。在许多昆虫中，毛形感器被认为是嗅觉感器，因为感器表面有许多孔，可接收气味分子（Bleeker et al.，2006），一些电生理研究也证实了这一点。但在本研究中，未发现中蜂触角毛形感器上有孔，该感器在蜜蜂中是否具有嗅觉功能还有待做进一步研究。

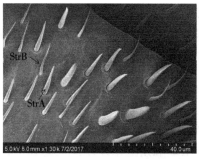 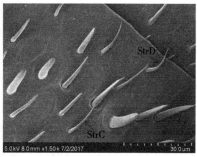

（a）工蜂触角不同类型的毛形感器

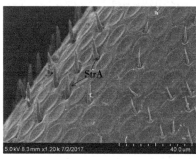 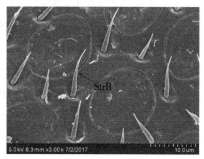

（b）雄蜂触角不同类型的毛形感器

StrA—毛形感器 A；StrB—毛形感器 B；StrC—毛形感器 C；StrD—毛形感器 D。

图 2-5 中蜂触角毛形感器扫描电镜图

（5）锥形感器（Sba）。锥形感器较毛形感器粗壮，多直立于触角表面，不具臼状窝（图 2-6）。感器下粗上细，顶端钝圆，有孔，不弯曲。下缘直径约 4.93 μm，近顶端直径约 2.60 μm，长度约为 12.39 μm。锥形感器在工蜂与雄蜂触角第三鞭节到末端鞭节均有分布，但与板形感器和毛形感器相比数量明显减少。Ågren 等（1977）研究认为意大利蜜蜂雄蜂的触角上不存在锥形感器，而本研究中在雄蜂的触角上也发现了这类感器。

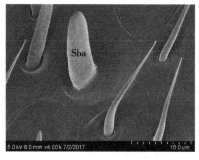 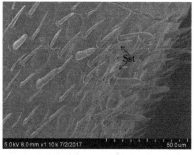

Sba—锥形感器；Sst—栓锥形感器。

图 2-6 中蜂触角锥形感器和栓锥形感器扫描电镜图

前人研究中对一些昆虫触角做超薄切片，发现锥形感器壁很薄，具有丰富的小孔，认为这类感器具有识别气味的能力，是一种嗅觉感器（Bleeker et al.，2004；于庭洪等，2020）。Slifer 等（1961）提出意大利蜜蜂工蜂的锥形感器亦具有嗅觉功能。在本研究中，我们也发现锥形感器顶端有孔，推测其在中蜂嗅觉识别中发挥重要作用。

（6）栓锥形感器（Sst）。栓锥形感器只存在于雄蜂触角鞭节上（图2-6），并且在第3～10小节上均有分布，而在工蜂触角上未发现此类感器。杜芝兰（1989）在对中蜂工蜂扫描电镜的研究中也未报道工蜂有此类感器。栓锥形感器呈拇指状，长度较毛形感器和锥形感器短，约 7.88 μm。底端较为粗大，着生于臼状窝内，表面有浅的纵纹。

在鳞翅目昆虫中栓锥形感器较常见，但在膜翅目昆虫中还未见报道。超微结构研究表明，栓锥形感器内部有丰富的神经细胞，具有感受温湿度的变化、味觉和嗅觉功能。在本研究中，栓锥形感器仅特异地出现在雄蜂触角上，对于其功能还需要在后期研究中加以验证。已有观察和研究发现一些昆虫雌雄性虫的触角感器在类型、数量、分布区域上往往也会呈现出性二型特征（程红，2006）。

（7）刺形感器（Sch）。之前对蜜蜂触角感器的研究中，没有有关刺形感器的描述。在本研究中，作者分析在工蜂与雄蜂触角上均存在刺形感器。除第一鞭节外，从第二鞭节到端节上均有刺形感器的分布，且多分布在每节鞭节的前端。刺形感器细长，外形刚直如刺，着生的臼状窝较浅，感器长度变化较大，约 18～25 μm，较毛形感器和锥形感器稍长（图2-7）。因刺形感器的这一特点，推测其具有感受机械刺激的功能。单感器实验证明，刺形感器对性信息素刺激无电位反应，而对机械振动有反应（段云博等，2020）。

（8）钟形感器（Sca）。钟形感器呈圆形，像一个个隆起的火山口，感器中央有纽扣样的凸起，表面不光滑（图2-7），此类感器在鞭节的端节分布较多。膜翅目昆虫小蜂熊蜂 Bombus hypocrite 的钟形感器分布在除第一鞭节外的其他各亚节上，但数量不多（罗术东等，2011）。钟形感器是最典型的机械感器。鞘翅目步甲科的黑广肩步甲 Calosoma maximoviczi 可依靠触角上的钟形感器对栖息地中的温湿度进行探测，避免选择过热或过冷的生境（于庭洪等，2020）。Yokohari（1983）认为意大利蜜蜂钟形感器能感受温湿度，而 Ågren（1978）则认为该类型感器可能为机械感器，不受神经支配。

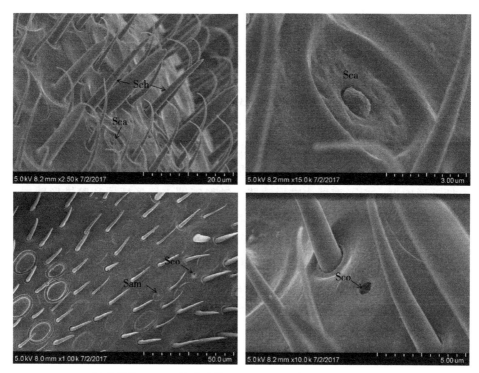

Sch—刺形感器；Sca—钟形感器；Sam—坛形感器；Sco—腔锥形感器。

图 2-7　中蜂触角其他类型感器扫描电镜图

（9）坛形感器（Sam）与腔锥形感器（Sco）。坛形感器与腔锥形感器是两种形态类似的感器，在工蜂触角中，二者的大小相似，位置毗邻。坛形感器比板形感器面积小，且在中心形成一个豆状突起，直径约为 1.36 μm（图 2-7），此类感器数量较少，且仅在工蜂触角表面观察到了此类感器，但 Esslen 等（1976）研究结果指出意大利蜜蜂雄蜂触角上也有坛形感器。

腔锥形感器是一个内陷于触角表皮的孔，直径在 0.86～2.58 μm，孔中有芽状感受物（图 2-7），该感器数量较多，且在工蜂与雄蜂触角第三到末端鞭节中均有分布，另外，雄蜂此类感器的数量多于工蜂。与锥形感器类似，腔锥形感器也可以感受化学信息，具有嗅觉功能，还可以感受外界的机械刺激。用电生理学方法可以检测到坛形感器对 CO_2 有反应，而腔锥形感器对水和温度有反应。

第二节 小　结

经扫描电镜观察，中蜂触角分为 3 部分——柄节、梗节和鞭节，雄蜂的鞭节比工蜂的更长更粗壮。柄节、梗节与第一、第二鞭节上分布的为刚毛，工蜂触角上特有马刀状刚毛，而雄蜂触角上特有羽状刚毛。Böhm 氏鬃毛则分布在梗节的基部，工蜂和雄蜂均有此类感器。工蜂触角鞭节上存在 7 种感器，包括毛形感器、板形感器、锥形感器、钟形感器、坛形感器和腔锥形感器。雄蜂触角鞭节有 6 种感器，与工蜂相比，在雄蜂触角上没有发现钟形和坛形感器，但具有栓锥形感器。从感器分布来看，板形感器、毛形感器、刚毛的数量较多，其次是锥形感器、刺形感器和腔锥形感器，钟形感器、坛形感器、栓锥形感器刚毛的数量较少。板形感器和锥形感器表面多孔，推测其具有嗅觉功能。工蜂和雄蜂之间的触角感器类型差异可能是由于识别性信息素以及生存环境的不同外界机械刺激引起的。

第三章 中华蜜蜂嗅觉基因的鉴定

　　转录组学（transcriptomic）是功能基因组学的一个重要方面，是一门在整体水平上分析一个样本或组织中所有基因的转录情况及转录调控规律的科学。转录组学相对于基因组学而言，只研究被转录的基因，研究范围缩小，针对性更强，而且成本低、测序效率高和具有时空表达等特点。该技术为非模式昆虫或基因组信息未知的昆虫嗅觉基因鉴定提供了便利。触角是昆虫嗅觉系统的重要组成部分，大量 OR 基因是根据触角转录组数据鉴定出来的。自西方蜜蜂全基因组测序完成后，从其基因组中共鉴定到了 170 个 OR 基因，21 个 OBP 基因和 6 个 CSP 基因。本研究以中蜂为实验材料，通过转录组技术对其触角嗅觉相关基因进行了鉴定和表达特性分析。

第一节　实　验　设　计

一、实验材料

　　中蜂采自山西农业大学养蜂场。从两个蜂箱中取出接近羽化的蜂蛹，置于 33℃和湿度 80% 的恒温恒湿培养箱中进行孵育。羽化后工蜂被标记并返回蜂箱，直至采样。为进行转录组测序，分别采集了两蜂群中 1 日龄、10 日龄、15 日龄和 25 日龄时的工蜂触角（每群约 200 只），4 个时期分别记为T1、T2、T3 和 T4。另外，还分离了 10 日龄工蜂的主要身体组织，如触角、头、胸、腹、足、翅膀用于 qPCR 分析。采集的样品立即用液氮冷冻，-80℃保存，待 RNA 提取。

二、实验方法

1. RNA-Seq 文库构建及测序

　　按照 Trizol 试剂说明书提取样品总 RNA，使用 DNase 去除总 RNA 中的残留 DNA，利用反转录酶合成第一链 cDNA。转录组测序工作委托北京百迈客生物科技有限公司执行，使用 Illumina HiSeq 2500 测序平台对来自 4 个不同发育阶段的 8 个 cDNA 文库进行 RNA-Seq 无参转录组测序分析。测序数据已全部提交至 NCBI 的 SRA（登录号：SRR3180625）。

2. 基因注释和化学感受基因鉴定

　　长度超过 200 bp 的 Unigenes 首先通过 BLASTX 与非冗余蛋白数据库比

对，包括 Nr、Swiss-Prot、KEGG、GO 和 COG，阈值为 10^{-5}。通过检索与给定单基因序列相似性最高的蛋白进行功能注释。然后，使用 Blast2GO 算法分配 GO 项。转录本被分类为细胞成分、分子功能及生物过程，允许进行一般质量评估。

为了鉴定中蜂触角的化学感受基因，保留了与 OBPs、CSPs、ORs、IRs 或 SNMP 最匹配的序列作为候选基因。随后使用 BLASTN 算法在 NCBI 获得的非冗余核苷酸数据库中进一步分析这些基因。在已知蜜蜂查询蛋白序列的定制数据库中进一步验证 ORs。

使用 ORF Finder 工具（http://www.ncbi.nlm.nih.gov/gorf/gorf.html）确定候选化学感觉基因的 ORF。候选 OBP 和 CSP 的假定 N-端信号肽通过 signal IP 4.0 预测（http://www.cbs.dtu.dk/services/SignalP/）。利用 TMHMM server v2.0 确定候选 ORs、IRs 和 SNMP 的跨膜结构域。基于已报道的其他膜翅目昆虫化学感受基因的氨基酸序列，构建了系统发育树。利用 Clustal W 对氨基酸序列进行比对，利用 MEGA6.0 构建进化树，并通过 1 000 次 bootstrap 重复评估分支支持度。进化树在 FigTree v1.4.2（http://tree.bio.ed.ac.uk/software/figtree/）中进行图形化编辑。

3. 化学感受基因的鉴定及基因表达分析

为了比较不同样本间的基因表达水平，采用 RPKM（reads per kilobase of transcript per million mapped reads）算法计算所有转录本的表达丰度。通过基于 Audic 等（1997）方法的严格统计算法对 8 个文库中的差异表达基因（Differentially expressed genes）DEGs 进行鉴定。采用 FDR<0.05 的阈值和 $\log_2 FC \geq 1$ 的绝对表达值来判断基因表达的差异显著性。由此，我们获得了所有与嗅觉相关的 DEGs 及其 RPKM 值。

为了验证从转录组数据中鉴定的化学感受 DEGs 的表达情况，并进一步研究它们的组织表达谱，进行了 qPCR。使用 primer3plus（http://www.bioinformatics.nl/cgibin/primer3plus/primer3plus.cgi）设计特异性引物（表 3-1）。qPCR 使用 SYBR®Premix Ex TaqTM 试剂盒，在 Mx3000P qPCR 系统（Stratagene，La Jolla，CA，美国）上运行。扩增条件为：95℃变性 20 s，95℃变性 15 s，60℃变性 20 s，循环 40 次。然后在 95℃、60℃、30℃和 95℃下进行熔解曲线分析，以判断 PCR 产物的特异性。对每个样本进行 3 次技术重复，Arp1 为内参基因。数据采用 $2^{-\triangle\triangle Ct}$ 法进行相对定量分析。

表 3-1 用于差异表达基因 qPCR 验证的引物

引物名称	上游引物	下游引物
Odorant binding proteins（OBPs）		
OBP7	CTTTCCGTTGCCGTAATCAT	TTCCTCCGATATGTCTTCCTCT
OBP12	ATGAATGGCTCCGAATTGAG	GCGACGTCACACTTGTCATT
OBP13	AGCAGACGACGTTAAGAAGGG	CGTTGAAAGTTGTGTCTGCGT
OBP14	GGCTTTTGCATTTGCGTTGG	CAATGCCAGTTTCTGTGGCG
OBP15	TGCTATTTGGATTTGCGTTG	AGTTTGTGCGCTACACATCG
OBP17	TGCTATTTGCGTTTGCGTTA	CGTCGTCCATATTGATCTTGC
OBP21	ATGAAATTCGTTATTTTCAGTT	TCTTAGGGTCATCGTGCT
Chemosensory proteins（CSPs）		
CSP2	GGCAGAAACGGAAGAAGGA	CTCAAAACCAGTGGTGCTAAAC
CSP5	TTTTGGATCGGGGACATTG	CAACTGCCACTCATAGGGATAAT
CSP6	GCAGAATGGTCGTATCCTCAC	TACCTTCGTTAGTACATGGTCCTT
Odorant receptors（ORs）		
OR28	GGCAAACAGTAACAAGGGAAG	CAAAATAGCCGCCGAAATAG
OR113	CGTTACGATGGACTATTGTTTG	TCATTGCACGAATCTATCACG
OR119	CTTGATCACGATGCTGTTGG	ATGATCGAGGTGCTGGAAAG
OR139	CGAAACTTGTGGAGCTTTATCG	GGCACCATAAACTGTATTCCTG
OR141	TATTGTTTCGTGCGGAGATG	TATATCGTGCGGTGACCACCT
OR167	GCGTAAGCACTACTTTGCCTA	CAGCGAAAGCATTAGTCCAA
Ionotropic receptors（IRs）		
IR76b	GCCGATGTTTACTCTGCCTTCT	GTTTCCTTCATTTGTCGCCTTT
IR218	ATGGGTTCGAAGCTGAAGTG	AACGCGATATCCACCTTTTG
Sensory neuron membrane proteins（SNMPs）		
SNMP2	AAGAAGGCGAAAAGGACGG	AAGGCAATGGATTTACTAATGGTG
Housekeeping gene		
Arp1	ACTACGGCCGAACGTGAAAT	GGAAAAGAGCCTCGGGACAA

第二节　结果与分析

一、不同发育阶段中蜂触角转录组测序数据质量分析

本研究使用 Illumina HiSeq 2500 技术生成了蜜蜂触角转录组的数据。过滤原始 reads 后，建立了 8 个高质量的单基因文库，共 184.04 M clean reads，每个文库中 Q30＞90%（表 3-2）。这些 clean reads 被组装成 4 235 071 个 contigs。合并聚类后，共获得 125 072 个 unigenes，平均长度为 760 nt，N50 长度为 1 151 nt，其中长度超过 500 nt 的 unigenes 约占 43%（53 576 个）。

表 3-2　测序数据质量评估统计

样品	总读长（bp）	总碱基数（bp）	GC 含量（%）	Q30（%）
T1-1	22 646 116	4 573 559 618	41.88	94.21
T1-2	19 729 880	3 984 574 328	41.48	94.53
T2-1	18 572 570	3 750 951 188	41.64	94.26
T2-2	16 680 304	3 368 432 785	43.35	94.24
T3-1	15 978 265	3 226 884 637	41.73	95.05
T3-2	19 480 786	3 934 262 219	41.26	95.19
T4-1	18 227 789	3 681 240 373	42.09	94.97
T4-2	17 054 413	3 444 348 276	42.11	94.89

注：T1-1，T1-2—工蜂 1 日龄 2 个生物学重复样品；T2-1，T2-2—工蜂 10 日龄 2 个生物学重复样品；T3-1，T3-2—工蜂 15 日龄 2 个生物学重复样品；T4-1，T4-2—工蜂 20 日龄 2 个生物学重复样品。

二、基因注释

通过 BLASTX 在 5 个蛋白数据库的注释，得到了 16 762 个与已知蛋白匹配的 unigene。利用 GO 注释将转录本划分为三大功能类别。一个转录本可以与一个以上的生物过程相对应，因此，共有 34 051 个 unigene 被划分为 3 个主要的 GO term：14 575 个 unigenes 划分在细胞成分类别，10 541 个在分子功能类别，19 757 个在生物过程类别。在细胞组分分类中，细胞和细胞部分所占比例较高，分别为 20.21% 和 20.25%；分子功能分类中，结合和催化活性占比较高，分别为 41.61% 和 35.56%；生物过程、分类中细胞过程和代谢过

程所占比例较高，分别为 23.24% 和 23.07%。GO 分类结果说明蜜蜂触角中的转录本涉及了广泛的生物学过程。

三、候选的化学感受基因家族及其表达谱

本研究中，我们主要关注了 5 个化学感受基因家族，包括 OBPs、CSPs、ORs、IRs 和 SNMPs。通过在数据库中的同源搜索及注释，在蜜蜂触角转录组中共鉴定了 109 个化学感觉基因，包括 17 个 OBPs、6 个 CSPs、74 个 ORs、10 个 IRs 和 2 个 SNMPs。在这些转录本中，91 个 unigene 具有全长 ORF。在系统发育树中，大多数候选化学感受基因都与西方蜜蜂同源基因聚在一起。在 OR 家族中，我们鉴定了共受体基因 OR2，IR 家族中的 *IR25a* 和 *IR8a*。在 OBP 家族的聚类图中，中蜂和西方蜜蜂的 Minus-C 家族成员聚集在一个分支中，这类 OBP 成员的第二和第五半胱氨酸残基缺失。附表 1 至附表 5 列出了候选基因相关信息，包括基因名称、氨基酸序列长度、跨膜结构域、信号肽和序列相似性。

使用 RPKM 算法计算 8 个不同文库中 109 个候选化学感受 unigene 的相对表达量，其 RPKM 值如附表 1 至附表 5 所示。RPKM 值分析显示，化学感受基因在每个文库中几乎都有表达，且每个文库中都不存在特异表达基因，即所有的化学感受基因在中蜂的各个日龄均有表达。109 个预测基因中，5 个 OBP 基因（*OBP1*、*OBP2*、*OBP5*、*OBP6* 和 *OBP21*）和 2 个 CSP 基因（*CSP1* 和 *CSP3*）在工蜂的触角转录组中高表达（RPKM 值为 > 1 000），其中 OBP1 相对表达量最高。同时，我们发现除 *OR2*、*IR218* 和 *SNMP1* 外，其他 3 个基因家族（ORs、IRs 和 SNMP）的成员基因在整个发育阶段的表达水平都相对较低（RPKM 值 < 100）。本研究结果与草地贪夜蛾 *Agrotis ipsilon* 的转录组测序结果类似（Gu et al., 2014）。

四、与西方蜜蜂同源基因比对分析

西方蜜蜂是第一个完成基因组测序的膜翅目昆虫，鉴定并报道了几个化学感觉蛋白家族。本研究在中蜂中鉴定出的 CSPs、IRs 和 SNMPs 数量与西方蜜蜂相同，而在中蜂中鉴定出的 ORs 和 OBPs 数量相对较少。通过反复比对分析发现，缺失的基因不是由于这些基因在中蜂触角中无表达，而是由于无参转录组技术的限制。由于一些超家族在进化过程中经历了重复或选择性剪接，这可能产生了许多彼此高度同源的基因，如 ORs。然而，在从头组装

过程中，同源性高的单基因被合并。因此，被注释的基因数量少于实际数量，这一问题在基因超家族中尤为突出。

为了研究这些化学感受基因的保守性，我们分析了这些基因与西方蜜蜂相应同源基因的相似性。OR 家族基因高度分化，序列同源性从 59% 到 100% 不等（附表 1），说明气味受体基因变异性很高，这种现象在其他昆虫中也是常见的（Wicher，2015）。此外，OBP 家族也表现出较高的序列差异，序列相似性从 65% 到 98% 不等（附表 2）。*OBP9* 和 *OBP13* 与其同源基因的序列相似性最高，均为 98%；而 *OBP19* 与其同源基因的序列相似性较低，为 65%。与 ORs 和 OBPs 相比，其他两个嗅觉基因家族（IRs 和 CSPs）在昆虫中的保守性更高，不同昆虫中的数量也相仿。在本研究中，预测了 10 个 IR 和 6 个 CSP 基因，与西方蜜蜂的同源基因相比，它们的序列相似性均大于 90%（附表 3 和附表 4）。SNMP 是另一种在全变态昆虫中保守的化学感受蛋白家族。在本研究中，两个 SNMP 基因与西方蜜蜂同源基因的相似性高于 94%（附表 5）。

五、化学感受差异表达基因及其表达谱

基于 RPKM 算法计算的基因表达量，我们对不同发育阶段中蜂触角的转录本进行了差异表达性分析。从 8 个文库中共检测到 1 052 个 DEGs，其中筛选到 19 个化学感受基因，包括 7 个 OBP、3 个 CSP、6 个 OR、2 个 IR 和 1 个 SNMP（附表 1 至附表 5）。这 19 个差异基因在所有样品中都有表达，也就是说这些 DEGs 无特定发育阶段特异性表达。为了更直观地展示这些 DEGs 在各个发育阶段的表达模式，我们根据 RPKM 值构建了表达量热图（图 3-1、彩图 3-1）。从热图来看，各生物重复之间的相关性良好，相关系数均超过 0.9（$P<0.05$），进一步说明了 RNA-Seq 数据的可靠性。结果发现，与其他 3 个时期相比，19 个化学感觉基因在 T1 时期的表达水平发生了显著变化，这可能是由于新出房的蜜蜂由于封盖巢房内外环境因素发生了显著变化。在 19 个 DEGs 中有 6 个表达量下调（包括 3 个 CSP、2 个 OBPs 和 1 个 IR），其中 *OBP13*、*OBP17*、*CSP5* 和 *CSP6* 变化较大。其余 13 个 DEG 表达量上调（包括全部 6 个 OR、5 个 OBP、1 个 IR 和 1 个 SNMP），其中 *OBP7* 和 *OBP15* 变化较大。推测下调的嗅觉基因与环境变化的刺激影响有关，而上调的基因与中蜂的行为相关。

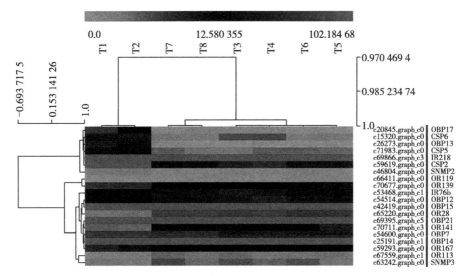

图 3-1　基于转录组数据的嗅觉相关基因 DEGs 热图

（图左侧显示基因聚类；图右侧为转录本 ID 和基因名称；从红色到绿色表示基因表达水平由高到低）

　　与 T1 相比，其他 3 个发育阶段基因的表达水平无显著变化。换句话说，所有嗅觉相关基因的表达在成年蜂中保持相对稳定。这些数据表明，每个嗅觉基因可能作用于特定的气味分子，这种能力在成年蜜蜂中相对稳定，不随个体行为分工的转变而发生显著变化。

　　随机选择 9 个嗅觉基因 DEGs，使用 qPCR 验证 RNA-Seq 测序结果。qPCR 结果显示，所选择的 9 个基因中有 8 个的表达模式与 RNA-Seq 分析结果一致（图 3-2），这些结果表明 Solexa 测序的质量是可靠的。此外，利用 qPCR 进一步获得了 19 个 DEGs 在不同组织中的表达信息。5 个基因（*OBP14*、*OR28*、*OR113*、*OR167* 和 *IR76b*）在触角中高表达，8 个基因（*OBP7*、*OBP12*、*OBP15*、*CSP5*、*CSP6*、*OR119*、*IR218* 和 *SNMP2*）在触角中的相对表达量相对较高，*OR139* 和 *OR141* 在触角和头部均高表达，*OBP17* 和 *CSP2* 在胸部表达较高，而 *OBP21* 在足中表达较高，*OBP13* 在翅膀中表达较高（图 3-3）。表达谱结果显示，当一个基因在胸部高度表达时，它在足中也高表达，但在触角中表达却较弱。

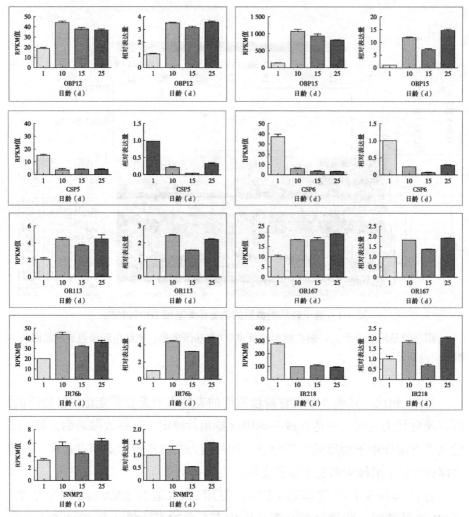

图 3-2　9 个嗅觉相关差异基因的 RPKM 值与 qPCR 相对表达量比较

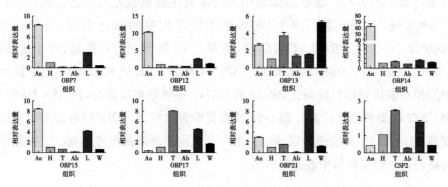

An—触角；H—头；T—胸；Ab—腹；L—足；W—翅。

图 3-3　19 个化学感受 DEGs 的组织表达谱

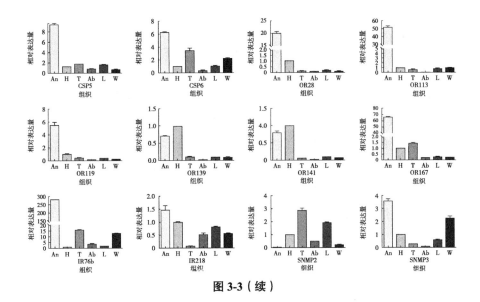

图 3-3（续）

在以往的研究中，研究人员对与西方蜜蜂性别、组织和日龄相关的 OBP 和 CSP 的表达谱进行了分析。本研究比较了中蜂和西方蜜蜂 OBP 和 CSP 的组织表达模式。*OBP7*、*OBP13*、*OBP15* 和 *OBP17* 的表达模式与 Forêt 和 Maleszka（2006）的研究结果相似。然而，也有一些基因的表达结果是不一致的，如本研究在中蜂触角中发现了 *OBP12*，但只在西方蜜蜂的卵巢中检测到了 *OBP12*。这表明 *OBP12* 可能在两个物种中发挥了不同的生理作用。*CSP5* 和 *CSP6* 在东方蜜蜂触角中表达相对较高（Li et al.，2016），与我们的研究结果一致，推测 *CSP5* 和 *CSP6* 可能参与了蜜蜂的化学感受过程。然而，CSP2 在本研究中的表达却与东方蜜蜂的表达有明显差异，而与西方蜜蜂 CSP2（Forêt et al.，2007）的表达模式相似。

实验结果揭示了这些差异表达基因的两大表达模式：一种模式显示大多数 DEG 在触角中大量表达，再次验证了触角是昆虫的主要嗅觉器官；另一种模式为一些基因在其他非化学感觉器官中富集，如胸、腿和翅膀。这类基因的表达模式表明，一些化学感觉感器位于身体的其他部位，如胸部、腿跗和翅缘，或者这些基因参与化学感受以外的生理过程。此外，我们发现所有的 OR 基因在触角上的相对表达量是胸、腹、足和翅膀的 5~50 倍，这与其他膜翅目昆虫 OR 的表达模式相似，如西方蜜蜂（Robertson et al.，2006）、菜蛾盘绒茧蜂 *Cotesia vestalis*（Nishimura et al.，2012）和中红侧沟茧蜂（Ma et al.，2014）。我们推测 ORs 可能在嗅觉识别中发挥着重要而专一的作用。

第三节 小 结

本研究通过触角转录组分析，鉴定出了 109 个中蜂化学感觉基因，包括 17 个 OBPs、6 个 CSPs、74 个 ORs、10 个 IRs 和 2 个 SNMPs。获得了 19 个不同发育阶段化学感受基因的 DEGs，并研究了这些 DEGs 的组织表达谱，多数 DEGs 在刚羽化出房时相对表达量较低，且在触角中相对表达量较高。本研究为蜜蜂嗅觉识别机制的探讨提供了宝贵的资源，为进一步研究这些基因的功能分析提供了基础数据。

第四章

中华蜜蜂气味结合蛋白的特性及功能

OBPs 是昆虫体内多种疏水性物质的有效载体，与小分子有机化合物的结合力是 OBPs 生理功能研究的必要依据。OBPs 主要负责外部环境与 ORs 之间的连接。气味分子一旦渗入触角表面的感器微孔，就会被 OBPs 结合从而增加其在感器淋巴液中的可溶性，穿过感器淋巴液到达感器树突，激活树突膜上表达的 ORs。编码 OBPs 的基因数目因昆虫种类不同差异很大，有的物种含有几个，有的甚至高达上百个。关于 OBPs 的作用模式，目前有两种假设：①对蛾类和蚊类的研究表明，OBPs 起被动载体的作用，且配体可以单独激活相应的 ORs（Damberger et al.，2007）；②在某些情况下 OBPs 似乎发挥更直接的作用，只有形成特定的 OBP-配体复合物才能激活受体（Ronderos et al.，2010）。

目前，研究昆虫 OBPs 功能的方法主要有荧光竞争结合实验、RNAi、EAG 等。在荧光竞争结合实验中，N-苯基-1-萘胺（1-NPN）是最常用的荧光探针（Pelosi et al.，2018）。使用此探针进行研究，发现意大利蜜蜂中大部分 OBPs 都可以与 β-罗勒烯进行结合（Wu et al.，2019）。

本研究以前期转录组测序分析结果为基础，对 3 个气味结合蛋白 *AcerOBP6*、*AcerOBP7* 和 *AcerOBP14* 在中蜂不同发育阶段和不同组织中的 mRNA 相对表达量进行分析；采用荧光竞争结合实验、RNAi 和 EAG 等实验技术检测 AcerOBP6、AcerOBP7 和 AcerOBP14 与不同气味分子的结合能力。

第一节　实　验　设　计

一、实验材料

1. 供试昆虫

qPCR 用样本：中蜂采自山西农业大学养蜂场。选择健康无病的强群，将即将羽化出房的工蜂集脾带回实验室，置于温度为（34±1）℃，湿度为 75%±5% 的恒温恒湿培养箱中继续发育。次日，待新蜂出房后，使用无毒、无味的记号笔标记蜜蜂（ $n=2\,000$ ），将标记后的蜜蜂随机放入 3 个蜂箱中。将刚羽化出房的工蜂记为 1 日龄，并分别采集 1 日龄、5 日龄、10 日龄、15 日龄、20 日龄、25 日龄、30 日龄的触角样本，另外取群势较强、健康无病的正常蜂群，在巢门口采集后足携带花粉的中蜂采集蜂，分离并收集触角、头、胸、腹、足、翅膀，将收集到的组织样本立即投入液氮中，充分研磨后加入 1 mL Trizol，−80℃保存备用。

RNAi 用样本：选取群势较强、健康无病的正常蜂群，于上午 9:00—10:30 在巢门口采集后足携带花粉的中蜂采集蜂。蜜蜂巢门口，用消毒镊轻轻夹住中蜂采粉蜂胸部，收集至木盒中。木盒置于温度为（28±1）℃，湿度为 75%±5% 的恒温恒湿培养箱中，饥饿半小时后分别饲喂 30% 糖水、含有 *dsGFP*、*dsAcerOBP6*、*dsAcerOBP7*、*dsAcerOBP14* 双链 RNA 的 30% 糖水，每组 3 个重复，并于 24 h、48 h、72 h、96 h 时分别收集蜜蜂（去除腹部），将收集到的组织样本立即投入液氮中，研磨至粉末状后加入 Trizol，−80℃保存备用。

2. 引物设计

利用在线工具 Primer 3（https://bioinfo.ut.ee/primer3-0.4.0/），输入 *AcerOBP6*、*AcerOBP7* 和 *AcerOBP14* 的核苷酸序列，设计本研究所需的引物。用于 qPCR 的内参基因为 NCBI 上获得的 *AcerArp1*（登录号：HM640276.1）。用于 RNAi 对照的基因为 NCBI 上获得的绿色荧光蛋白（green fluorescent protein，GFP）（登录号：JQ064510.1）。本研究所用全部引物详细信息见表 4-1。

表 4-1 本研究所用引物信息

引物		序列	产物长度（bp）	退火温度（℃）
用于荧光定量				
OBP6	F	GCGAAGAAAACTATCAAGAACCTG	119	
	R	TAGCACATTAGCCTCTCGTCCT		
OBP7	F	CTTTCCGTTGCCGTAATCAT	165	
	R	TTCCTCCGATATGTCTTCCTCT		60
OBP14	F	GGCTTTTGCATTTGCGTTGG	94	
	R	CAATGCCAGTTTCTGTGGCG		
Arp1	F	ACTACGGCCGAACGTGAAAT	144	
	R	GGAAAAGAGCCTCGGGACAA		

引物		序列	产物长度（bp）	退火温度（℃）
用于重组表达				
OBP6	F	cgcggatccAAAAAGATGAGCATCGAGG	441	57
	R	cccaagcttTCATGGCATTAAATAGAGCTC		
OBP7	F	cgcggatccAATGGAATAAACGAAATCTTG	438	58
	R	cccaagcttTTACATATCGCTTAAGAATTTC		
OBP14	F	cgcggatccCTGACAATTGAAGAATTAA	408	57
	R	cccaagcttTTAGAGAAAGTCTACTGCTTTC		
用于 dsRNA 的合成				
OBP6	T7 F1	taatacgactcactatagggACGGTCAATTCAGAGGCGAA	206	57
	R1	CTCCGTAGCTGTCACTTCCT		
	F1	ACGGTCAATTCAGAGGCGAA		
	T7 R1	taatacgactcactatagggCTCCGTAGCTGTCACTTCCT		
	T7 F2	taatacgactcactatagggAGCATCGAGGAAGCGAAGAA	127	
	R2	ACATTAGCCTCTCGTCCTGC		
	F2	AGCATCGAGGAAGCGAAGAA		
	T7 R2	taatacgactcactatagggACATTAGCCTCTCGTCCTGC		
OBP7	T7 F1	taatacgactcactatagggAGAGGAAGACATATCGGAGGA	219	58
	R1	CCATTCTCGCATTTGTCCGT		
	F1	AGAGGAAGACATATCGGAGGA		
	T7 R1	taatacgactcactatagggCCATTCTCGCATTTGTCCGT		
	T7 F2	taatacgactcactatagggTGCATGATACACATGGGCTTG	265	
	R2	TGTCCGTACCTTTGTTCGCT		
	F2	TGCATGATACACATGGGCTTG		
	T7 R2	taatacgactcactatagggTGTCCGTACCTTTGTTCGCT		

续表

引物		序列	产物长度（bp）	退火温度（℃）
OBP14	T7 F1	taatacgactcactatagggATCAGTTTGCGCCACAGAAA	168	57
	R1	AATGCGATTCCTTGTGGCTT		
	F1	ATCAGTTTGCGCCACAGAAA		
	T7 R1	taatacgactcactatagggAATGCGATTCCTTGTGGCTT		
	T7 F2	taatacgactcactatagggACGTTATTCAAGGCAATGTCGA	189	
	R2	CAGAGATGGTTGAACATTCGGA		
	F2	ACGTTATTCAAGGCAATGTCGA		
	T7 R2	taatacgactcactatagggCAGAGATGGTTGAACATTCGGA		
GFP	T7 F	taatacgactcactatagggCACAAGTTCAGCGTGTCC	539	56
	R	CTGGGTGCTCAGGTAGTG		
	F	CACAAGTTCAGCGTGTCC		
	T7 R	taatacgactcactatagggCTGGGTGCTCAGGTAGTG		

二、实验方法

1. AcerOBPs 氨基酸序列及功能结构域预测

利用在线工具 ORF Finder（http://www.bioinformatics.org/sms2/orf_find.html）将 *AcerOBP6*、*AcerOBP7* 和 *AcerOBP14* 核苷酸序列翻译成氨基酸序列；进入 NCBI 官网，下拉选项中选择 Conserved Domains，输入 3 个目的基因编码的氨基酸序列，分析每个蛋白存在的保守结构域。

2. 总 RNA 提取和 cDNA 第一链合成

使用 Trizol 试剂盒提取各样品的总 RNA，进行质量和浓度测定。然后以 1 μg 总 RNA 为模板按照反转录试剂盒反转录合成 cDNA，获得的 cDNA 置于 -20℃保存备用或直接进行 qRT-PCR 实验。

3. AcerOBPs 的时空表达分析

反应体系及程序均按照 TB Green® Premix Ex TaqTMII（Tli RNaseHPlus）试剂盒说明书进行。该步骤均在低温条件下进行，以 cDNA 为模板，单个

PCR 管反应体系为 15 μL。每个样品进行 3 次技术重复，实验结束后，使用软件 Graphpad prism 7.0 分析标准曲线及扩增曲线的 Ct 值，并采用 $2^{-\triangle\triangle Ct}$ 法处理数据。

4. AcerOBPs 的原核表达

PCR 扩增反应：以中蜂触角 cDNA 为模板，分别扩增 *AcerOBP6*、*AcerOBP7*、*AcerOBP14* 的编码框。根据康为 2 × Taq Mastermix 试剂说明书进行操作（货号：CW0682A）。经琼脂糖凝胶电泳后，迅速切下扩增产物目的条带，使用 Omega DNA 凝胶回收试剂盒进行凝胶回收与纯化。获得的 DNA 测浓度后保存于 -20℃。

构建表达载体：将胶回收后的目的片段 DNA 与 Pet28a（+）表达载体同时双酶切；经琼脂糖凝胶电泳分离后，切下酶切产物目的条带后进行凝胶回收纯化；测定产物质量、浓度，16℃连接过夜；次日，转化连接产物至 DH5α 感受态细胞中，37℃培养 16 h；挑取单一白色菌落，LB 液体培养基中培养；PCR 扩增与测序鉴定菌液。

质粒提取：参照 Omega 质粒小量 DNA 提取试剂盒说明书进行，所有操作均在室温下进行即可。将收集到的 DNA 测浓度、质量后置于 -20℃冰箱保存。

重组蛋白的诱导表达：各取 1 μL 目的基因提取的重组质粒 DNA，分别转化至 BL21（DE3）感受态细胞中；次日，挑取单克隆后于 LB 液体培养基继续培养，菌液经 PCR 扩增与测序鉴定后与 40% 灭菌甘油等体积混匀，-80℃保存；吸取冻存的菌液于 LB 液体培养基中过夜培养；次日，将培养的菌液按分别接种于 10 mL LB 培养基中培养；每隔半小时测一次 OD_{600}，当 OD_{600} 值达到 0.8 左右时，加入 IPTG（终浓度为 0.5 mmol/L）；将菌液置于恒温摇床中 200 r/min 继续诱导培养 6 h，离心收集菌体。将菌体重新悬浮后超声波破碎，12 000 r/min 离心 30 min。

大量诱导表达：确定最佳诱导温度后，将培养的菌液按 1∶1 000 比例接种于 500 mL 含 50 μg/mL Kan+LB 液体培养基中，37℃，220 r/min 培养 3～4 h。在 OD_{600} 值为 0.8 左右时，添加终浓度为 0.5 mmol/L IPTG，28℃ 200 r/min 诱导过夜，次日，4℃ 12 000 r/min 离心 20 min 收集菌体。

SDS-PAGE 电泳：取菌液和 5 × Protein Loading Buffer（体积比 4∶1）混匀，沸水浴 10 min。点样 10 μL，浓缩胶电压 80 V，时间 20 min，分离胶电压 120 V，时间 60 min。电泳结束后取下凝胶染色 20 min，脱色 3～5 h（中

间换脱色液 4～5 次）。

5. 重组蛋白的纯化及浓度测定

500 mL LB 培养基大量表达目的蛋白，诱导后离心收集菌体，用 25 mL 50 mmol/L Tris-HCl（pH 值 7.4）悬浮，超声破碎后离心取上清，保存沉淀，SDS-PAGE 电泳检测目的蛋白表达形式。含有重组目的蛋白的溶液参照 His 标签蛋白纯化试剂盒说明书进行亲和层析蛋白纯化，层析柱填料为 Ni-Agarose Resin，利用 Elution Buffer［20 mmol/L Tris-HCl，pH=7.9，咪唑（50 mmol/L、100 mmol/L、300 mmol/L、500 mmol/L 下梯度洗脱），0.5 mol/L NaCl，8 mol/L Urea］洗脱目的蛋白，收集含有目的蛋白的洗脱液。纯化后利用凝血酶（索莱宝，北京）切除 His-tag，再次纯化，经超滤凝缩管（Millipore，上海）浓缩及复性后，将得到的目的蛋白置于 −80℃冰箱存储备用。

采用 Bradford 法测定纯化所得蛋白浓度，标准蛋白 BSA 用双蒸水稀释成 7 个浓度梯度制作标准曲线。在每孔中加入 $1 \times$ G250 考马斯亮蓝 500 μL，然后将稀释好的 BSA 标准品和待测品分别与 $1 \times$ G250 考马斯亮蓝颠倒混合数次后，室温放置 10 min，加入 96 孔板中，测定 595 nm 波长处吸光度值，制作标准曲线并根据线性方程计算 AcerOBP6、AcerOBP7 和 AcerOBP14 蛋白的浓度。

6. 荧光竞争结合实验

共选取 14 种信息素，23 种植物挥发物。设置荧光分光光度计激发光波长为 337 nm，扫描发射波长范围 360～550 nm，AcerOBP6 和 AcerOBP7 狭缝宽度为 5 nm，AcerOBP14 狭缝宽度为 3 nm，灵敏度均为高。在荧光比色皿中加入 1-NPN 和蛋白的混合液（终浓度均为 1 μmol/L），静置 2 min 使充分反应，将 1-NPN 的浓度从 1～10 μmol/L 依次递增，记录每个浓度下的最大荧光值，测定蛋白与 1-NPN 的结合效果。

将溶于甲醇的气味标样（终浓度为 1 μmol/L）依次加到含有 1-NPN 和蛋白（1∶1）的混合液的荧光比色皿中，浓度从 1～10 μmol/L 依次递增，每次均需吹打混匀后静置 2 min，以保证荧光强度稳定时，记录最大荧光值。为了测定蛋白的结合浓度，以 337 nm（最大发射光谱处）的荧光强度值对 1-NPN 浓度作图。用 Scatchard 法线性化该曲线，假设蛋白活性为 100%，并且在饱和状态下，气味分子与蛋白 1∶1 结合，根据气味物质的 IC_{50} 值（气味配体替换 50% 探针时的浓度），计算配基的解离常数 Ki｛$Ki = IC_{50}/［I+（1\text{-}NPN）/K_{1\text{-}NPN}］$｝。公式中，1-NPN 指未结合 1-NPN 浓度，$K_{1\text{-}NPN}$ 为 OBP/1-NPN 复合物的解离常数。解离常数越小，表示蛋白与气味分子的结合能力越强。

7. 检测 RNAi 效应

目的基因 dsRNA 的合成：参考 T7 RiboMAX™ Express RNAi System 说明书分别合成 3 个气味结合蛋白基因的 dsRNA，每个基因合成片段大小不同的两条 dsRNA，每条 dsRNA 都需参照试剂盒说明书合成正义链和反义链。合成后分别用分光光度计和琼脂糖凝胶电泳 (1%) 测定 260 nm 处 dsRNA 的浓度和完整性。

饲喂法进行干扰实验：将中蜂采粉蜂采集至木盒中，饥饿半小时后，饲喂含有 dsRNA 的糖水，将只饲喂 30% 糖水的蜜蜂作为对照组。每 30 只蜜蜂作为一个生物学重复，共 3 个生物学重复。每只蜜蜂 dsRNA 饲喂量为 8 μg，将所有的木盒置于人工培养箱中培养。在饲喂后的 24 h、48 h、72 h 和 96 h 每组分别取 6 只中蜂，去除腹部后投放至液氮中，迅速研磨至粉末状后加入 1 mL Trizol，后续经 RNA 提取及反转录后，利用 qRT-PCR 技术检测 dsRNA 在不同时间段对 *AcerOBP6*、*AcerOBP7*、*AcerOBP14* 的沉默效率。

8. RNAi 前后触角电位测定

通过荧光竞争结合实验，分别选取 AcerOBP6、AcerOBP7、AcerOBP14 结合能力较强的气味物质及液体石蜡为对照，进行 EAG 实验。用 30% 糖水和分别含有 *dsAcerOBP6*、*dsAcerOBP7*、*dsAcerOBP14* 的 30% 糖水饲喂中蜂采集蜂后，次日进行 EAG 实验。需提前配制终浓度为 300 μg/μL 的待测气味物质。

将长 3 cm，宽 1 cm 条状滤纸，折叠成 "V" 形后完全塞入巴斯德管内。调制好 EAG 系统后，用手术刀片随机将蜜蜂一侧触角自基部切下，轻轻切除触角两尖端一部分，用导电胶将触角固定在金属电极上，将安装好的触角与气流端口垂直放置。待屏幕上显示的基线稳定后，吸取 10 μL 配置好的待测样品均匀滴加在巴斯德管内的滤纸条上。每次刺激时间为 0.5 s，刺激间隔为 30 s，每种气味物质进行 3 次技术重复。为克服种内个体差异，还需要在至少 10 根触角上重复测定每种气味物质。

9. 数据分析

实验数据经 Excel 初步记录整理后，采用 SPSS 26.0 统计软件进行分析，两组间比较采用独立样本 t 检验，多组间比较采用单因素方差分析，处理组间两两比较采用 Duncan 法。将数据录入 Graphpad Prism 8.0 软件中进行作图。

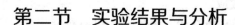

第二节 实验结果与分析

一、AcerOBP6、AcerOBP7 和 AcerOBP14 氨基酸序列及功能结构域分析

AcerOBP6、AcerOBP7 和 AcerOBP14 分别编码 146、145、135 个氨基酸，AcerOBP6 和 AcerOBP7 存在 6 个保守 Cys 位点，属于 Classical OBPs 亚家族，AcerOBP14 存在 4 个保守 Cys 位点，属于 Minus-C OBPs 亚家族（图 4-1）。在线 NCBI 结构域分析结果表明，AcerOBP6、AcerOBP7 及 AcerOBP14 编码的氨基酸产物分别于第 27～138 位、第 53～140 位及第 18～126 位氨基酸之间存在一个昆虫气味结合蛋白家族的保守结构区域 PBP-GOBP superfamily。

```
AcerOBP6   MKRLSVFLLVTLVLVLLAIQDT----ASKKMSIEEAKKTIKNLRKVCSKKNDTPKELLDGQFRG
AcerOBP7   MKFLVIFVHILSVAVIIRANGINEILKIMTISMKDVRYCMIHMGLNIKDFIKMQELLKEEDISE
AcerOBP14  ---MKTIVLIFGFCICVG-----------ALTIEELKTKLHTEQSVCATETGIDQQKANDVIQG


AcerOBP6   EFPQD--ERLMCYIKCIMVATKAMKNDVILWDFFVKNARMILLDEYIPRVESVIETCKKEVTAT
AcerOBP7   ENIKKYLANYSCFITCTLEKSNIMQNDEIQLDKLVEMADSKNISIDVKILSECVNEAN---KGT
AcerOBP14  NVDVED-KKVQLYSECILKKFNVLDKNGVFKPQGIALVMELLIDENA--VKQLLSECS-TISED


AcerOBP6   EGCEVAWQFGKCIYENDKELYLMP*-      146
AcerOBP7   DKCENGLNFIICFSKFLSDM*-----      145
AcerOBP14  NVYLKASKLVQCFSKYKTMKAVDFL*      135
```

图 4-1 AcerOBPs 氨基酸序列

（方框标注保守半胱氨酸位点）

二、荧光定量分析

以 1 日龄样品中的 mRNA 相对表达量为基准，从 qPCR 分析结果可以看出，*AcerOBP6*、*AcerOBP7* 和 *AcerOBP14* 在不同发育阶段的工蜂触角中均有表达，且相对表达量存在差异。*AcerOBP6* 在 25 日龄的相对表达量最高，其次为 10 日龄和 30 日龄相对表达量较高，极显著高于 1 日龄、5 日龄、15 日龄、20 日龄（$P<0.01$）（图 4-2）；*AcerOBP7* 在 20 日龄的相对表达量最高，极显著高于其他日龄（$P<0.01$），其次为 5 日龄、25 日龄和 30 日龄相对表达量相对较高（图 4-2）；*AcerOBP14* 在 20 日龄的相对表达量最高，极显著高于其他日龄（$P<0.01$），其次为 5 日龄、10 日龄和 25 日龄时相对表达量相对较高（图 4-2）；1 日龄时 *AcerOBP6*、*AcerOBP7* 和 *AcerOBP14* 的相对表达量均最低。

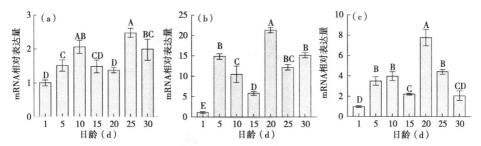

图 4-2 不同发育阶段触角中的 3 个 *AcerOBPs* mRNA 的相对表达量

（条形柱上有相同字母表示差异没有达到极显著 $P>0.01$，没有相同字母表示差异极显著 $P<0.01$）

以中蜂采集蜂触角中 mRNA 的相对表达量为基准，对 *AcerOBP6*、*AcerOBP7* 和 *AcerOBP14* 在采集蜂不同组织的相对表达量差异进行分析。结果显示，3 个基因均在采集蜂触角中的相对表达量最高，极显著高于在其他组织（头、胸、腹、足和翅膀）中的相对表达量（$P<0.01$）；在其他组织中均呈微量表达，且相对表达量差异不显著（$P>0.05$）（图 4-3）。

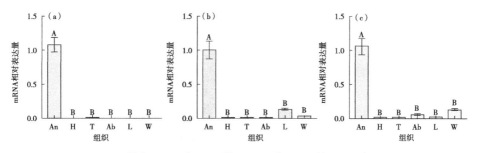

An—触角；H—头；T—胸；Ab—腹；L—足；W—翅。

图 4-3 中蜂采集蜂不同组织中 3 个 *AcerOBPs* mRNA 的相对表达量

（条形柱上有相同字母表示差异没有达到极显著 $P>0.01$，没有相同字母表示差异极显著 $P<0.01$）

三、原核表达与蛋白纯化分析

1. 开放阅读框扩增

以中蜂触角 cDNA 为模板，利用带有 BamHI、HindIII 酶切位点的上下游引物（表 4-1）分别扩增 *AcerOBP6*、*AcerOBP7* 和 *AcerOBP14* 的开放阅读框，其电泳检测结果如图 4-4 所示，获得的目的条带与预期长度一致，*AcerOBP6*、*AcerOBP7*、*AcerOBP14* 分别对应 441 bp、438 bp、408 bp。

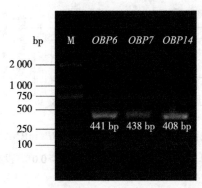

图 4-4　*AcerOBP6*、*AcerOBP7* 和 *AcerOBP14* 开放阅读框 PCR 产物

2. 表达载体的构建

Pet28a（＋）表达载体与 PCR 产物酶切结果如图 4-5 所示，二者均出现了与预期大小一致的目的条带，大小为 5 369 bp，载体 Pet28a（＋）与目的基因构建的重组表达载体菌液经琼脂糖凝胶电泳鉴定后，结果与目的片段大小一致（图 4-6）。

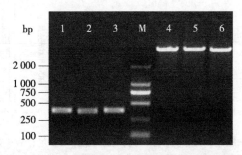

图 4-5　PCR 产物和表达载体的酶切鉴定图谱

（泳道 1、2、3 为 AcerOBP6、AcerOBP7、AcerOBP14 开放阅读框经 BamHI 和 HindIII 酶切后的产物图谱；泳道 4、5、6 为原核表达载体 Pet-28a（＋）经 BamHI 和 HindIII 酶切后的产物；M 指 DNA 分子量标准）

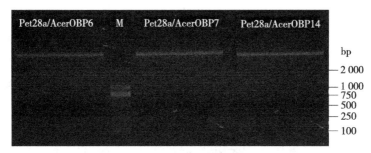

M—DNA 分子量标准

图 4-6 表达载体电泳图

3. 诱导表达的温度筛选

分别将重组质粒 Pet28a/AcerOBP6、Pet28a/AcerOBP7、Pet28a/AcerOBP14 转入表达菌株大肠杆菌 BL21（DE3），加入终浓度为 0.5 mmol/L IPTG 后，分别置于温度为 20℃、28℃、37℃的摇床中，200 r/min 诱导 6 h。诱导后的菌液经 SDS-PAGE 检测，如图 4-7 所示，温度 28℃下，重组蛋白相对表达量较高，故选择 28℃进行后续实验。

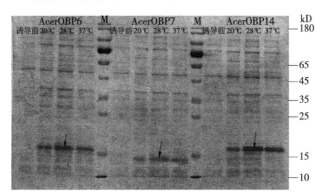

图 4-7 AcerOBPs 不同温度诱导后的 SDS-PAGE 分析

（箭头处是 28℃诱导下的重组蛋白 AcerOBPs）

4. 重组蛋白的诱导表达及纯化

重组质粒 Pet28a/AcerOBP6、Pet28a/AcerOBP7、Pet28a/AcerOBP14 分别转入 BL21（DE3）感受态细胞中，诱导出目的蛋白后，SDS-PAGE 电泳结果显示 3 个目的蛋白均存在于沉淀中，主要以包涵体形式表达（图 4-8 泳道 2）。经过变性、复性及浓缩等实验得到具有生物学活性的目的蛋白，再次纯化切除 His-tag 标签后的目的蛋白，AcerOBP6、AcerOBP7、AcerOBP14 均出现预期的单一条带（泳道 8），条带清晰均一，可用于后续荧光竞争结合实验。

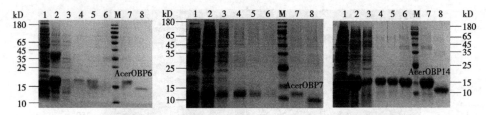

图4-8 AcerOBPs 重组蛋白 SDS-PAGE 分析

（M代表蛋白分子量标准；AcerOBP6、AcerOBP7、AcerOBP14 蛋白泳道 1～8 均分别表示：超声破碎后离心的上清液；超声破碎后离心的沉淀；蛋白流穿液；50 mmol/L、100 mmol/L 和 300 mmol/L 咪唑溶液洗脱后的 AcerOBPs；复性浓缩后的 AcerOBPs；切除 His 标签后纯化的 AcerOBPs）

四、气味物质结合能力分析

1. AcerOBPs 与 1-NPN 的荧光光谱分析

根据 BSA 浓度建立标准曲线如图 4-9 所示，方程为：$y=0.991\ 6x+0.381$（$R^2=0.996\ 3$），由该标准曲线方程计算可得到 AcerOBP6、AcerOBP7、AcerOBP14 的蛋白浓度分别为 0.086 mg/mL、0.071 mg/mL、0.784 mg/mL。

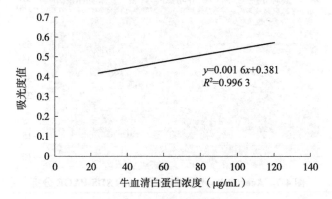

图4-9 蛋白浓度测定标准曲线

AcerOBP6、AcerOBP7 和 AcerOBP14 蛋白溶液在未加入荧光探针 1-NPN 时，337 nm 激发光波长下均无内源荧光信号，向目的蛋白溶液中逐次加入 2 μL 浓度为 1 mmol/L 的 1-NPN 后，屏幕显示 3 个蛋白的发射光谱均发生蓝移，且随着 1-NPN 浓度的增加，荧光强度不断增强。斯卡查德方程线性化光谱数据并拟合线性方程后（图 4-10），计算得出 AcerOBP6、AcerOBP7 和 AcerOBP14 与荧光探针 1-NPN 的解离常数分别为 6.317 μmol/L、3.18 μmol/L、1.087 μmol/L。

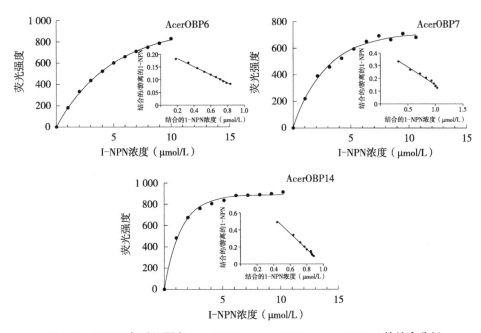

图 4-10　1-NPN 与重组蛋白 AcerOBP6、AcerOBP7、AcerOBP14 的结合分析

2. AcerOBPs 与气味物质的结合特性分析

AcerOBP6、AcerOBP7 和 AcerOBP14 与信息素和植物挥发性气味物质的结合能力利用荧光竞争结合实验测定，结合上述计算的解离常数，计算得到 AcerOBP6、AcerOBP7 和 AcerOBP14 分别与每种气味化学物质的结合常数 K_i，结果见表 4-2。在本实验中，K_i 值小于 5 μmol/L，认为此化合物与 AcerOBPs 的结合能力很强；K_i 值介于 5～10 μmol/L，认为此化合物与 AcerOBPs 的结合能力较强；K_i 值介于大于 50 μmol/L，认为此化合物与 AcerOBPs 几乎没有结合能力。由表 4-2 可知，AcerOBP6 重组蛋白与亚麻酸、丁香酚、反式肉桂酸乙酯和（＋）-3 蒈烯的 K_i 值分别为 1.670 μmol/L、4.663 μmol/L、3.740 μmol/L、3.016 μmol/L，与亚麻酸的结合能力最强；与其他被测物质相比，AcerOBP7 重组蛋白与 9-ODA、1- 壬醇的结合能力最强，K_i 值分别为 1.85 μmol/L、1.847 μmol/L，其次与（＋）- 柠檬烯、1- 辛烯-3- 醇、芳樟醇的结合能力相对较强，K_i 值分别为 1.866 μmol/L、2.657 μmol/L 和 2.724 μmol/L；AcerOBP14 重组蛋白可以与测试的蜂王信息素、告警信息素、那氏信息素及多种植物挥发性化合物结合，结合能力最强的是植物挥发物 β- 罗勒烯，解离常数 K_i=0.297 μmol/L，其次为 α- 法尼烯，解离常数 K_i=0.654 μmol/L，与其他气味配基化合物也有较强的结合能力（K_i＜10 μmol/L），与肉桂酸乙酯和香草醇几乎没有结合能力（$K_i>50$ µmol/L）。AcerOBP6 和 AcerOBP7 与测试的 7 种幼虫信息素组分没有结合能力，AcerOBP14 与油酸甲酯、硬脂酸甲酯有较强的结合能力，而与其余 5 种幼虫信息素组分在测定过程中，荧光值上升，没有结合能力。

表 4-2　重组蛋白 AcerOBPs 与气味挥发物的结合能力

配基化合物	CAS 登记号	AcerOBP6		AcerOBP7		AcerOBP14	
		IC_{50}（µmol/L）	K_i（µmol/L）	IC_{50}（µmol/L）	K_i（µmol/L）	IC_{50}（µmol/L）	K_i（µmol/L）
蜂王信息素							
9-ODA	14436-32-9	7.549	7.181	1.975	1.85	8.991	6.149
告警信息素							
2- 庚酮	110-43-0	6.146	5.846	17.12	14.6	5.688	3.89
乙酸异戊酯	123-92-2	–	–	–	–	7.154	4.893
那氏信息素							
香叶醇	106-24-1	7.457	7.094	8.207	7	9.781	6.69
橙花醇	106-25-2	未测	未测	12.95	11.043	5.391	3.687
法尼醇	4602-84-0	5.561	5.290	10.76	9.176	3.548	2.427
柠檬醛	5392-40-5	–	–	8.753	8.203	5.684	3.888
幼虫信息素							
油酸甲酯	112-62-9	–	–	–	–	1.913	1.308
硬脂酸甲酯	112-61-8	–	–	–	–	6.464	4.421
棕榈酸甲酯	112-39-0	–	–	–	–	–	–
油酸乙酯	111-62-6	–	–	–	–	–	–
亚油酸乙酯	544-35-4	–	–	–	–	–	–
亚油酸甲酯	112-63-0	–	–	–	–	–	–
亚麻酸甲酯	310-00-8	–	–	–	–	–	–
植物挥发物							
1-壬醇	143-08-8	5.56	5.289	1.971	1.847	11.18	7.647

配基化合物	CAS 登记号	AcerOBP6		AcerOBP7		AcerOBP14	
		IC_{50} (μmol/L)	K_i (μmol/L)	IC_{50} (μmol/L)	K_i (μmol/L)	IC_{50} (μmol/L)	K_i (μmol/L)
1-辛醇	111-87-5	未测	未测	8.825	8.270	4.933	3.374
1-辛烯-3-醇	3391-86-4	7.59	7.220	3.116	2.657	7.67	5.246
月桂烯	123-35-3	5.419	5.155	6.927	5.907	6.137	4.197
β-紫罗酮	14901-07-6	5.446	5.181	–	–	7.847	5.367
α-石竹烯	87-44-5	–	–	6.269	5.346	4.317	2.953
香茅醇	106-22-9	未测	未测	11.08	10.384	13.67	9.35
亚麻酸	463-40-1	1.756	1.670	8.982	8.417	2.069	1.415
乙酸己酯	141-78-6	5.552	5.282	9.722	8.29	8.391	5.739
胡椒酮	89-81-6	未测	未测	6.499	6.091	3.883	2.656
桉树脑	470-82-6	5.88	5.594	4.549	3.879	6.321	4.323
丁香酚	97-53-0	4.902	4.663	8.11	6.916	4.727	3.233
反式肉桂酸乙酯	4192-77-2	3.931	3.740	3.579	3.052	7.941	5.431
（+）-3-蒈烯	13466-78-9	3.17	3.016	4.853	4.139	4.096	2.801
β-罗勒烯	13877-91-3	5.544	5.274	6.67	5.688	0.434	0.297
壬醛	124-19-6	8.913	8.479	5.155	4.396	7.556	5.168
α-法尼烯	502-61-4	–	–	–	–	0.957	0.654
肉桂酸乙酯	103-36-6	–	–	7.131	6.081	>50	>50
α-亚麻酸乙酯	1191-41-9	–	–	9.311	7.94	–	–
芳樟醇	78-70-6	5.682	5.405	3.194	2.724	–	–
（+）-柠檬烯	138-86-3	5.528	5.259	1.991	1.866	–	–
β-蒎烯	127-91-3	6.673	6.348	9.442	8.849	–	–
水杨酸甲酯	119-36-8	10.07	9.580	6.832	6.403	–	–

注：IC_{50} 表示竞争结合 50% 1-NPN 时的配基化合物浓度，K_i 表示解离常数，– 表示不能计算出 IC_{50}。

3. dsRNA 干扰效应

以饲喂后 24 h 糖水组目的基因 mRNA 相对表达量为基准，qPCR 技术分析饲喂不同片段的 dsRNA 后，在不同时间各处理组中 mRNA 的相对表达量，从而确定最佳的干扰条件。从图 4-11 可以看出，*AcerOBP6*、*AcerOBP7* 和 *AcerOBP14* 的两个 dsRNA 片段均能在不同程度上降低 mRNA 的相对表达水平。*dsAcerOBP6-2* 较 *dsAcerOBP6-1* 干扰组相比，在每个时间段的相对表达量均低，且在 48 h 沉默效果最好，沉默效率为 54.5%；如图 4-11 所示，*dsAcerOBP7-2* 较 *dsAcerOBP7-1* 沉默效率更高，各时间相对表达量均较低，沉默最佳时间为饲喂后 48 h，沉默效率为 72.55%；*dsAcerOBP14-1* 较 *dsAcerOBP14-2* 沉默效果更好，且在饲喂后 48 h 沉默效果较好，沉默效率为 68.9%。

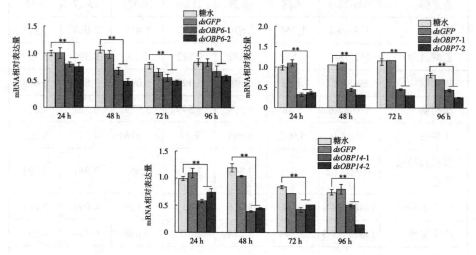

图 4-11　AcerOBPs 在不同干扰条件下 mRNA 的表达分析

4. 基因干扰前后 3 个 AcerOBPs 的 EAG 反应

根据荧光竞争结合实验的结果，AcerOBP6、AcerOBP7 和 AcerOBP14 分别筛选出以下气味物质用于 EAG 实验。AcerOBP6 的气味物质包括：2-庚酮、亚麻酸、*β*-紫罗酮、乙酸乙酯、（＋）-3-蒈烯、*β*-罗勒烯、丁香酚、1-壬醇、月桂烯、（＋）-柠檬烯、芳樟醇、桉树脑、法尼醇、反式肉桂酸乙酯；AcerOBP7 的气味物质包括：（＋）-3-蒈烯、1-壬醇、（＋）-柠檬烯、芳樟醇、桉树脑、反式肉桂酸乙酯、1-辛烯-3-醇、壬醛、9-ODA；AcerOBP14 的气味物质包括：2-庚酮、亚麻酸、*β*-罗勒烯、丁香酚、1-辛醇、法尼醇、*α*-法尼烯、橙花醇、胡椒酮、（＋）-3-蒈烯、柠檬醛、*α*-石竹烯、油酸甲酯。

根据 RNAi 干扰效果的比较分析，选取沉默效率较高的 dsRNA 片段（*dsAcerOBP6-2*、*dsAcerOBP7-2*、*dsAcerOBP14*-1）及最佳干扰时间（*AcerOBP6*、*AcerOBP7* 和 *AcerOBP14* 对应的最佳时间分别为 48 h、24 h 和 48 h）对目的基因进行 RNAi。与 30% 糖水组相比，3 个 *dsAcerOBPs* 干扰组的气味物质 EAG 相对值均降低，其中，饲喂 *dsAcerOBP6* 干扰组的中蜂触角对 2-庚酮、乙酸乙酯、桉树脑、β-罗勒烯、1-壬醇、月桂烯、（+）-柠檬烯和芳樟醇的 EAG 相对值极显著降低（*P*＜0.01）（图 4-12a）；饲喂 *dsAcerOBP7* 后的中蜂触角对桉树脑、1-辛烯-3-醇和 9-ODA 的 EAG 相对值极显著降低（*P*＜0.01），壬醛显著性降低（*P*＜0.05）（图 4-12b）；饲喂 *dsAcerOBP14* 后的中蜂触角对 2-庚酮、α-法尼烯、β-罗勒烯和柠檬醛的 EAG 相对值极显著降低（*P*＜0.01），橙花醇和胡椒酮显著降低（*P*＜0.05）（图 4-12c）。

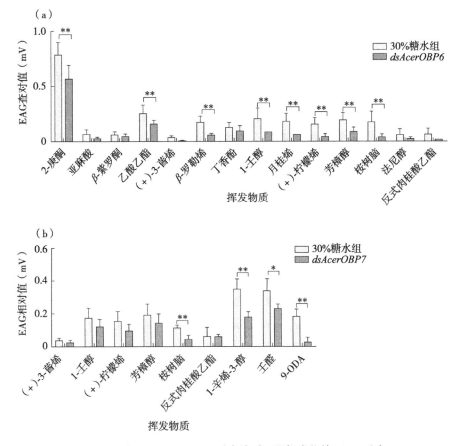

图 4-12　饲喂 *dsAcerOBPs* 后中蜂对不同挥发物的 EAG 反应

（** 表示 *P*＜0.01，差异极显著；* 表示 *P*＜0.05，差异显著）

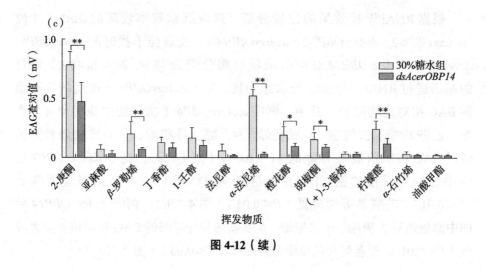

图 4-12（续）

第三节　讨　论

一、*AcerOBP6*、*AcerOBP7*、*AcerOBP14* 表达特性分析

迄今为止，通过基因组和 / 或转录分析，OBP 基因家族已经在多种昆虫中被鉴定，这些研究为昆虫嗅觉分子机制的探讨作出了重要贡献。嗅觉在蜜蜂几乎所有的生物行为中都扮演着重要的角色，它不仅为蜂群提供了一个维持蜂群内部凝聚力的感觉网络，而且还能识别各种空气中的分子，在这一过程中 OBPs 介导了蜜蜂对各类气味化合物的识别和辨别能力。蜜蜂是已知拥有最少 OBPs 的昆虫，在其基因组中只有 21 个 OBP 蛋白被鉴定出来，但蜜蜂的 OBP 家族具有高度的序列多样性，每个 OBP 可以执行不同的功能和任务（Spinelli et al., 2012）。中蜂是我国重要的经济昆虫，有着许多独特的生物学特性，如能从分散的蜜源植物中检测微量的气味物质从而找到蜜源，对瓦螨 *Varroa destructor* 等寄生虫的高抗性，及耐低温环境等优良特性，但目前关于中蜂的 OBP 信息仍然十分有限，制约了对这种昆虫嗅觉信号通路的理解。在本研究中，我们通过原核表达、蛋白纯化、荧光竞争结合、RNAi 及 EAG 实验进一步研究了中蜂气味结合蛋白 AcerOBP6、AcerOBP7 和 AcerOBP14 在识别信息素和植物挥发物中的作用，为中蜂 OBPs 的功能研究提供了思路和方法，为进一步研究中蜂的嗅觉识别机制奠定了基础。

　　工蜂随其日龄和外界蜜粉源的变化情况执行不同的工作，一般来说，从事巢内工作的工蜂称为内勤蜂，出巢采集花粉、花蜜、水和树胶等的工蜂称为采集蜂。本研究结果显示，*AcerOBP6*、*AcerOBP7* 和 *AcerOBP14* mRNA 在不同发育阶段的中蜂触角中均有表达，*AcerOBP6* 在 25 日龄时相对表达量最高，*AcerOBP7*、*AcerOBP14* 在 20 日龄时相对表达量最高。在 20～25 日龄这一时期，蜜蜂正处于外出采集阶段，推测 *AcerOBP6*、*AcerOBP7* 和 *AcerOBP14* 在中蜂的采集行为中发挥着重要作用。3 个基因均在中蜂触角 1 日龄表达水平最低，这可能是由于嗅觉神经元在工蜂出房第二天才开始成熟，而不同时期基因相对表达量差异又暗示了中蜂工蜂在从事巢内工作和采集工作中，对气味物质的感受和识别能力存在差异，表明 3 个目的基因可能在中蜂嗅觉系统和社会劳动分工过程中起着重要的调节作用。为探究 *AcerOBP6*、*AcerOBP7* 和 *AcerOBP14* 在采集阶段成年工蜂中可能发挥的功能，测定了中蜂采集蜂不同组织中 3 个基因 mRNA 的相对表达量，实验结果显示 *AcerOBP6*、*AcerOBP7* 和 *AcerOBP14* 在中蜂采集蜂触角中 mRNA 的相对表达量极显著高于其他组织相对表达量，表明 3 个基因的功能可能与嗅觉行为有关，并且在这一阶段高表达更能有效地识别和结合外界的气味物质，有助于蜜蜂生理活动及行为发生转变，如由内勤蜂转变为外勤蜂后从事寻找蜜粉源或躲避天敌等活动（杜亚丽等，2016），暗示 *AcerOBP6*、*AcerOBP7* 和 *AcerOBP14* 可能主要在采集和识别花香气味物质方面上发挥作用。

　　本研究利用融合表达载体 Pet28a（+）诱导 3 个基因的表达，并通过 SDS-PAGE 对重组蛋白进行分析，观察到的蛋白分子量与预测的蛋白分子量一致。3 个蛋白均具有昆虫 OBPs 的特征，AcerOBP6、AcerOBP7 各存在 6 个 Cys 位点，属于 Classical OBPs 亚家族，AcerOBP14 存在 4 个保守 Cys 位点，属于 Minus-C OBPs 亚家族，OBPs 氨基酸序列中两两 Cys 形成的二硫键折叠形成可以识别气味分子的亲水性空腔，结合脂溶性化合物。在大肠杆菌中进行外源基因的原核表达时，具有生物学活性或功能的蛋白质会折叠成特定的三维结构型，常以可溶性或分子复合物的形式存在于超声破碎离心后的上清液中，而包涵体是在表达过程中形成的具有高密度、不溶性的非折叠状态的蛋白聚集体，不具有生物学活性，常存在于离心后的沉淀中。在对 AcerOBP6、AcerOBP7 和 AcerOBP14 体外原核表达过程中，发现重组蛋白主要以包涵体的形式存在，出现包涵体的原因有很多种，可能与 Pet28a（+）表达载体本身高表达的性质有关，蛋白合成的速度快、相对表达量高，没有充足的时间进行二硫键正确配对与蛋白折叠；也可能是在原核表达系统中缺失促使蛋白正确折叠的各种影响因子（蒋欣，2018）；除此之外，LB 培养基成分、pH 值、离子强度及培养过程中温度、摇床转速及 IPTG 的浓度等因素也会影响包涵体的形成。为顺利进行后续实验，得到的包涵体需要经过纯化、变性、复性后才能具有生理活性，并用于功能的研究。本实验通过上述步骤，得到了具有生理活性的目的蛋白 AcerOBP6、AcerOBP7 和 AcerOBP14。

二、AcerOBP6、AcerOBP7、AcerOBP14 与气味物质结合能力的分析

昆虫 OBPs 可以广泛识别并转运多种类型的气味化合物。利用荧光竞争结合实验测定昆虫 OBPs 的结合特性及能力已成功应用于棉铃虫、铜绿丽金龟 *Anomala corpulenta*、绿盲蝽 *Apolygus lucorum*、小菜蛾、斑翅果蝇 *Drosophila suzukii* 等多种昆虫。本研究通过荧光竞争结合实验分别测定了重组蛋白 AcerOBP6、AcerOBP7、AcerOBP14 分别和气味配体化合物的结合特性。AcerOBP6、AcerOBP7 和 AcerOBP14 能够与蜂王信息素、告警信息素、那氏信息素以及植物挥发物等多种气味配体结合，表明一个基因可能调控昆虫对多种挥发物的识别。研究发现虽然 AcerOBP6、AcerOBP7 和 AcerOBP14 与挥发性气味物质的结合能力存在差异，但它们与大多数花香物质均存在一定的亲和力，说明 3 个 AcerOBPs 与气味物质的结合具有选择性，可能在蜜粉源的嗅觉定位中发挥作用。在所测试的配体化合物中，与 AcerOBP6 结合能力最强的是亚麻酸，亚麻酸是动物体内一种必需的不饱和脂肪酸，对机体生长发育和正常代谢起重要作用（于静等，2019），亚麻酸作为结构物质和代谢调控物质在体内不能合成，必须从食物中获得，而一些植物花粉中存在亚麻酸、亚油酸等脂肪酸，推测中蜂采集蜂触角中 AcerOBP6 通过识别结合花粉中的亚麻酸采集花粉，为维持蜂群稳定和生长繁殖提供营养保证；与 AcerOBP7 结合能力最强的是 9-ODA、1-壬醇和（+)-柠檬烯，9-ODA 是蜂群中蜂王上颚腺分泌蜂王信息素的主要活性成分，可以诱导雄蜂的求偶和交配，工蜂之间通过相互饲喂这种"蜂王物质"抑制工蜂卵巢发育，1-壬醇是桉树蜜等的挥发物成分之一（黄京平等，2014），（+)-柠檬烯作为一种优良的天然植物精油，是一种不溶于水的有机溶剂，具有抑菌作用，可以有效抑制微生物的生长和繁殖（关天旺等，2015），结合本实验结果推测工蜂通过 AcerOBP7 识别 9-ODA、1-壬醇和（+)-柠檬烯等物质，从事采集、哺育、清理等一系列

工作，保证蜂群内三型蜂分工明确，各尽其能；与 AcerOBP14 结合能力最强的是植物挥发物 β-罗勒烯，植物挥发物 β-罗勒烯是兰科石斛花朵中的重要成分，石斛花为虫媒花，其花香在蜂蝶类授粉中发挥着重要的作用，另外 β-罗勒烯作为植物挥发物对采集蜂的采粉行为有直接影响。近年来，研究人员还发现 β-罗勒烯也是一种蜜蜂幼虫信息素组分，能够抑制蜜蜂工蜂的卵巢成熟，并且参与调节工蜂的采粉行为，提高采粉蜂的比例，增加哺育蜂访问巢房的频率（何旭江等，2016）。He 等（2016）还发现饥饿的蜜蜂幼虫通过增加 β-罗勒烯的产量向工蜂发出信号，故工蜂可以通过识别这一信息素信号来调节群内的食物分配，因此推测 AcerOBP14 可能具有参与工蜂的采粉及监控群内幼虫进食等行为。AcerOBP6、AcerOBP7 与被测的幼虫信息素组分都不能结合以及 AcerOBP14 与大部分幼虫信息素气味配体不能有效结合，这可能与气味结合蛋白选择性绑定气味分子这一生理功能相符。由表 4-2 可知，AcerOBP6、AcerOBP7、AcerOBP14 与 9-ODA、2-庚酮、香叶醇和 1-壬醇等物质都有结合能力，但油酸甲酯、硬脂酸甲酯只与 AcerOBP14 具有较弱的结合能力，表明一个 OBP 可能结合几种气味物质或者一种气味物质可能由多个 OBP 识别，该部分实验结果将有助于阐明蜜蜂劳动分工的分子机制，以期为调控蜜蜂行为提供新思路。

三、AcerOBP6、AcerOBP7、AcerOBP14 嗅觉识别功能的探讨

RNAi 可使靶标基因在 mRNA 水平有效沉默，是一种高效的研究基因功能的实验手段，在昆虫的发育、生殖、行为和免疫等相关基因的功能研究上已经被广泛应用。目前，RNAi 已经在果蝇、蜘蛛、布氏锥虫等生物体上广泛应用，在蜜蜂功能研究领域也相继采用了该技术，蜜蜂以花蜜为食，各种物质可由肠道吸收进入血淋巴中，这使得蜜蜂可以采用饲喂法实现 RNAi，陈艺杰（2017）通过饲喂 dsRNA 的方法对意大利蜜蜂 AmTO1 基因进行沉默，结果发现，沉默组目的基因的相对表达量显著降低。有研究认为长链 dsRNA 较短链 dsRNA 在昆虫中干扰效果更明显，如在对果蝇胚胎的 RNAi 中发现，RNAi 干扰效果随 dsRNA 链的增长增强，片段最长的 dsRNA 干扰活性最大（Wicher，2008）。本实验中，饲喂不同片段的 dsRNA 后，AcerOBP6、AcerOBP7 和 AcerOBP14 mRNA 表达水平与对照组相比显著降低，说明 dsRNA 的摄入对 3 个基因的沉默均起作用。AcerOBP7 的 dsRNA 为 265 bp 的片段较 219 bp 的沉默效果更好，与前人的结论吻合，而 AcerOBP6

和 *AcerOBP14* 则是片段较短的 dsRNA 片段沉默效果较好，这可能是由于对于同源性很高的基因，长链 dsRNA 造成了非靶标 RNAi，故短链 dsRNA 的干扰效果更好。

为了进一步研究 *AcerOBP6*、*AcerOBP7* 和 *AcerOBP14* 的嗅觉生理功能，我们分别选择了对 3 个基因干扰效果较好的 dsRNA 片段进行了后续 EAG 实验。EAG 已应用于多种昆虫对环境中气味物质反应强度的检测，如芳樟醇和 *β*-石竹烯对雌性中华弧丽金龟甲 *Popillia quadriguttata* 有明显的引诱作用（徐伟等，2018），鞘翅目昆虫苹果小吉丁虫 *Agrilus mali* 雌雄成虫触角对（−）-*α*-蒎烯、壬醛、（+）-*α*-蒎烯、苯甲醛、癸醛、丙烯酸丁酯产生较强触角电位反应（刘爱华等，2020），以及鞘翅目昆虫椰心叶甲 *Brontispa longissima* 和膜翅目昆虫西方蜜蜂分别对肉桂醛、花冠精油粗提物有特异性的强 EAG 反应（王伟，2008；林方辉等，2019）。本研究中我们结合荧光竞争结合实验的结果及 EAG 数据，发现饲喂 ds*AcerOBP6* 后，中蜂对 2-庚酮、乙酸己酯、桉树脑、*β*-罗勒烯、1-壬醇、月桂烯、（+）-柠檬烯和芳樟醇的 EAG 反应有显著性差异（$P < 0.05$），且 RNAi 组的 EAG 值均降低。2-庚酮属于告警信息素，其余物质为植物挥发物成分，暗示 *AcerOBP6* 在信息素识别和外出采集行为有关；饲喂 ds*AcerOBP7* 后，中蜂触角对桉树脑、1-辛烯-3-醇、9-ODA 和壬醛的 EAG 反应均显著性降低（$P < 0.01$），9-ODA 是蜂王信息素的重要组分，其余 3 种物质为植物挥发物成分，暗示 *AcerOBP7* 在工蜂卵巢发育和外出采集、识别行为有关；饲喂 ds*AcerOBP14* 后，中蜂触角对 2-庚酮、*β*-罗勒烯、*α*-法尼烯、柠檬醛、橙花醇和胡椒酮的 EAG 反应显著性降低，进一步暗示 *AcerOBP14* 与工蜂的采粉及监控群内幼虫进食等行为有关；3 个基因均存在气味物质和对照组相比没有显著性降低（$P > 0.05$），这可能是由于中蜂对这些物质的识别过程还需要有其他 *AcerOBPs* 的参与，单独沉默某一 *AcerOBPs* 并不会引起中蜂触角明显的 EAG 反应。

2-庚酮和 9-ODA 是蜂群正常生命活动不可或缺的信息素，2-庚酮是一种挥发性液体，能有效保护蜜蜂免受蜂巢寄生螨的侵害（Borries et al.，2019），9-ODA 作为蜂王信息素的重要组分，在吸引雄蜂和抑制工蜂卵巢发育上具有重要作用（Princen et al.，2019），亚麻酸对幼虫的化蛹率、羽化率、抗氧化、免疫能力和脂质代谢均有一定程度的影响。对荧光竞争结合实验和 EAG 实验结果共同分析得出，重组蛋白 AcerOBP6、AcerOBP14 对 2-庚酮具有强结合能力，沉默 *AcerOBP6*、*AcerOBP14* 后，中蜂触角具有明显 EAG 变化，EAG

值降低，说明二者可能协同调控对某些信息素和植物挥发物的识别，进而影响蜂群生命活动；重组蛋白 AcerOBP7 与 9-ODA 的结合能力较 AcerOBPP6、AcerOBP14 强，沉默 AcerOBP7 后，中蜂触角 9-ODA 的 EAG 反应降低，暗示 AcerOBP7 可能在饲喂蜂王、蜂群的繁衍等生命活动中发挥作用。(+)-柠檬烯、1-壬醇等植物气味物质是蜂蜜的特征标记化合物，(+)-柠檬烯还具有防腐、抑菌、保鲜功效，芳樟醇、β-紫罗酮对中蜂具有引诱作用（吴国火等，2020），芳樟醇还具有显著的抑菌效果，而对这些物质的识别都离不开AcerOBPs，说明 AcerOBPs 是保证中蜂的一系列行为、生理活动正常运作的重要蛋白。蜜蜂是自然界中重要的授粉昆虫，其行为受环境中多种气味物质的协同影响，可以通过对其 OBPs 功能的研究，将多种单一挥发性组分按其相互间自然比例配成类似植物挥发物的混合物，结合行为实验（如趋避或吸引）或应用于大田实验，观察记录蜜蜂对农作物的授粉效率及蜂产品产量的变化探究二者之间的联系。

目前昆虫 OBPs 蛋白的理化特征、表达模式已逐步明朗，通过荧光竞争结合实验、RNAi 技术及 EAG 实验等对其功能可以进行更深入的探讨，由于蜜蜂 OBP 数量较少，所以一个 OBP 可能参与对多种物质的结合，同一种物质也可能被多个 OBP 结合，这些 OBPs 在嗅觉系统中起着至关重要的作用，但目前仍存在诸多尚未探明的问题，如昆虫嗅觉系统中各种蛋白识别过程中相互作用的机制、OBPs 在除触角以外器官中的生理功能、OBPs 参与的嗅觉识别的具体分子机制及下游靶标尚未明确等，需要后期更多行为学探索和验证来更好地理解蜜蜂的嗅觉系统和行为，对这些问题探究将有助于了解昆虫感知外界环境这一生命过程。另外，应将这些嗅觉蛋白与昆虫神经系统的研究相结合，破解昆虫从感知外界气味分子到做出相应行为反应整个过程的分子机制，才能从真正意义上了解昆虫的嗅觉机制，从而达到防控或利用昆虫的目的。

第四节 小 结

（1）AcerOBP6、AcerOBP7 和 AcerOBP14 的 mRNA 在不同发育阶段工蜂触角中均有表达，且在采集蜂触角中高表达，暗示 3 个 AcerOBPs 基因在中蜂的嗅觉感受及采集行为中发挥着一定的作用。

（2）获得的重组蛋白与 1-NPN 能较好的结合，说明目的蛋白具有生理活性，可用于功能实验研究；重组蛋白 AcerOBP6、AcerOBP7 和 AcerOBP14 与大多数被测物质都有较强的结合能力，但与幼虫信息素没有或有较弱的结合能力，表明不同的蛋白在中蜂对气味物质结合的过程中具有选择性。

（3）从整体实验分析结果可以推断，AcerOBP6 是识别告警信息素 2-庚酮和植物挥发物乙酸己酯、桉树脑的关键蛋白；AcerOBP7 是识别蜂王信息素 9-ODA、植物挥发物桉树脑、1-辛烯 -3-醇的关键蛋白；AcerOBP14 是识别告警信息素 2-庚酮、既属于花香物质挥发物，也属于蜜蜂幼虫信息素组分的 β-罗勒烯、植物花香物质挥发物 α-法尼烯以及那氏信息素柠檬醛的关键蛋白。AcerOBPs 很可能通过协同作用影响蜜蜂的生长发育、采集、种群繁衍等生理和行为活动。

第五章

中华蜜蜂气味受体的特性及功能

ORs 主要表达在昆虫触角嗅觉神经元膜上，参与嗅觉信号转导过程。嗅觉共受体 Orco 与传统 ORs 组成异源二聚复合体，Orco 在不同的昆虫中具有较高的保守性，几乎存在于所有嗅觉神经元中，而传统 ORs 在不同昆虫间高度分化，二者协同作用，共同行使对气味分子的结合功能。

Krieger 等（2003）利用 Or83b 家族基因在不同种类昆虫间的高度保守的特性，以果蝇 *Or83b* 和冈比亚按蚊 *AgOr7* 基因序列为参考序列，扩增出了西方蜜蜂的第一个气味受体基因 *AmelR2*。2006 年西方蜜蜂全基因组测序完成后，Robertson 等（2006）利用生物信息学方法，从其基因组中共鉴定到了 170 个 ORs 基因，其中有 7 个是假基因。通过系统发育学分析，将这 170 个 ORs 分成了 5 个亚家族，其中有 4 个小的亚家族和 1 个大的亚家族（包含 157 个 ORs），在这个大的亚家族中，多数 ORs 都是串联排列的。经过与果蝇、冈比亚按蚊和烟芽夜蛾的聚类分析也找到了西方蜜蜂的 Or83b 家族成员，定名为 *AmOr2*。

本研究采用 RACE 扩增技术对中蜂 *AcerOr1*、*AcerOr1*、*AcerOr3* 的 DNA 及 cDNA 序列进行了扩增、测序及序列分析；从基因和蛋白水平对序列进行分析及定量和定位研究；采用 RNAi 及异源细胞表达结合钙离子成像技术探讨其潜在的生物学功能。

第一节　实验设计

一、实验样本采集

1. DNA 和 RACE 扩增样本采集

供试中蜂采自山西农业大学养蜂场，每群随机捕捉工蜂数只，立即投入无水乙醇中，−20℃保存至 DNA 提取。RACE 扩增中每群随机提取工蜂 50 只，用眼科镊完整地取下其触角，立即投入液氮中，预冻后在研钵中研磨至粉状，取 50 mg 左右加入装有 1 mL Trizol 的 EP 管中，−70℃保存至 RNA 提取。

2. 基因定量样本采集

羽化前幼虫及蛹的采样：在蜂群中加入预先准备的空工蜂脾和雄蜂脾，待蜂王产卵后进行记录，3 d 后开始取样。在工蜂脾上依次取第二、第四和第六日龄的幼虫，第五、第十日龄的蛹；在雄蜂脾上依次取封盖幼虫、封盖幼虫和即将羽化的蛹。每次随机取 5 只，立即带回实验室，将整个幼虫和蛹的头部剪下投入液氮中，研磨后加入装有 1 mL Trizol 的 EP 管中待提取。

羽化后成蜂的采样：将即将羽化出房的巢脾从蜂场带到实验室，放入 37℃恒温培养箱中使之继续发育，待新蜂刚出房，立即进行标记，标记完毕后再将巢脾放回蜂箱中，从刚羽化出房的蜜蜂开始取样，记为 1 日龄，以后每隔 5 天取一次，直至看不到被标记的蜜蜂，取样结束。将采样得到的活体蜜蜂立即带回实验室，用眼科镊将其触角完整地取，迅速投入液氮中，在研钵中加液氮研磨至粉状，加入装有 1 mL Trizol 的 EP 管中待提取。

3. 基因定位分析样本采集

在山西农业大学养蜂场随机提取刚羽化出房（1 日龄）的中蜂（工蜂和雄蜂）数只，立即带回实验室备用。

二、实验方法

1. 胸部 DNA 的提取

取蜜蜂胸部放入 1.5 mL 离心管中，用眼科剪剪碎，加入 600 μL 的 STE 溶液，10 μL 蛋白酶 K 溶液及 15 uL 20% 的 SDS 溶液，充分混匀，55℃水浴消化过夜。采用饱和苯酚 - 氯仿抽提法提取 DNA。用冰乙醇析出 DNA 后，再用 75% 的乙醇漂洗以除去残余的盐分。离心后弃去乙醇待干燥后加入适量的 TE 溶解 DNA，同时加 1 mL 的 RNA 酶。提取完毕，采用 1% 的琼脂糖凝胶电泳检测 DNA 的完整性；核酸测定仪检测其纯度及浓度。

2. 触角 RNA 提取及 RACE 扩增

RNA 提取步骤参照 Trizol 试剂盒（invitrogen）说明书进行，参照 TIANscript RT Kit 说明书进行 cDNA 第一链合成。根据 GenBank 中已公布的西方蜜蜂 *Or1*（XM-001121080）、*Or2*（NM-001134943）的 mRNA 序列，采用 Primer 3.0 plus 在线软件设计引物，进行 cDNA 基因片段的扩增和克隆。各基因 5′ 端和 3′ 端 cDNA 的克隆参照 Clontech 公司的 SMARTer™ RACE cDNA amplification kit 试剂盒说明书进行。在已拼接得到的 cDNA 片段上设计各基因的特异性引物用于 RACE 扩增。引物序列见表 5-1，交由北京六合华大基因公司合成。

表 5-1　RACE 扩增所用引物

引物	引物序列	退火温度 T_a（℃）
用于 cDNA 扩增的引物		
Or1	F: GATCCGATTTTGGTTGATGG	54
	R: TATCTTGGCCCCAGACAGAC	58
Or2	F: AAGACGTGGACGATCTCACC	50
	R: GCTACACCATAGGCGTCTCC	55
Or3	F: GGTCGGAATCTGGCCAAGGAGG	53
	R: TGGCACCAGACAGGCTTGATG	56
用于 5′ 末端和 3′ 末端扩增所用引物		
Or1 GSP	5′: CGATCTTCTTCGCATTCCACGTCT	55
	3′: GGTACGATTTTCCAACGGAAGTGG	56
Or2 GSP	5′: AAATAAACGAGCTTGACCACGCTG	58
	3′: TCGTAACTGCAATTGGAGACGCCTATG	60
Or3 GSP	5′: CGCCAAAAGGCTGAAAACCTGGGC	53
	3′: CCATCAAGCCTGTCTGGTGCCAAG	55

3. *AcerOr1* 和 *AcerOr3* 内含子序列的 PCR 扩增

以获得的 *AcerOr1* 和 *AcerOr3* 基因 cDNA 全长序列为基础，参照西方蜜蜂 *Or1* 和 *Or3* DNA（NC-007071）序列在外显子部分跨内含子设计引物（表 5-2），并以 DNA 为模板进行 PCR 扩增，扩增条件为：94℃预变性 4 min，30 个循环包括 94℃ 30 s，53～58℃ 30 s，72℃ 1 min，最后 72℃延伸 8 min。扩增产物进行纯化、克隆及测序，得到 *AcerOr1* 和 *AcerOr3* 基因全部内含子序列，最后用软件拼接得到完整的基因组 DNA 序列。

表 5-2　内含子扩增所用引物

引物	引物序列（5′-3′）	扩增产物	退火温度 T_a（℃）
Or1 IP1	F: CAAGGAGGACAACACGACTCA R: TGCTCAGTGATTCTCCAACCC	Intron1	55
Or1 IP2	F: CACGGGTTGGAGAATCACT R: GTAGGCTGCCGAAGTTTT	Intron 2-4	57
Or3 IP1	F: AGATTTGCGTGGCCGCATCG R: TGGCACCAGACAGGCTTGATG	Intron 1-3	53
Or3 IP2	F: CCATCAAGCCTGTCTGGTGCC R: AATTTAGATATGCTGCTGAAG	Intron 4	58

71

4. 序列分析

通过与西方蜜蜂相应基因序列的比较，结合 ORF Finder（http://www.ncbi.nlm.nih.gov/projects/gorf/）在线软件确定基因序列的编码区。通过 polyadq 软件（http://rulai.cshl.org/tools/polyadq/polyadq-form.html）在线验证 AATAAA 加尾信号。利用 DNAMAN 软件中的翻译程序得到编码的氨基酸序列。通过 BLAST 在 GenBank 中搜索同源序列。利用 Clustal W 软件进行氨基酸多重序列比较。利用 DNAStar 软件包中的 MegAlign 程序计算序列的相似度。利用 Mega 4.0 软件中的 Neighborjoining（NJ）法构建系统发育树。通过 SNAP v. 1.1.0 在线软件 (http://www.hiv.lanl.gov/content/sequence/SNAP/SNAP.html）计算选择压力 dN/dS。

5. *AcerORs* 在触角中的 mRNA 定量分析

根据克隆获得的 *AcerOr1*、*AcerOr2*、*AcerOr3* 基因 cDNA 序列设计各自的荧光定量引物，内参基因为 *Rps18*，引物序列信息见表 5-3。反应体系及程序均按照 TB Green® Premix Ex TaqTMII（Tli RNaseHPlus）试剂盒说明书进行（货号：RR820A）。该步骤均在低温条件下进行，以前述获得的 cDNA 为模板进行 qPCR 扩增。每个样品进行 3 次技术重复，实验结束后，使用软件 Graphpad prism 7.0 分析标准曲线及扩增曲线的 Ct 值，并采用 $2^{-\triangle\triangle Ct}$ 法处理数据。

表 5-3 荧光定量 PCR 用引物

基因	引物序列	产物长度
AcerOr1	F: AGGATTCGCCGATTTACGAG	117 bp
	R: CGCAGCAGTGCATGGTTATAG	
AcerOr2	F: GGATCAGAGGAGGCCAAAAC	118 bp
	R: CCAACACCGAAGCAAAGAGA	
AcerOr3	F: AGCCGCCCAGGTTTTCAGCC	130 bp
	R: CCGATCCTCTTCGCATTCCACG	
Rps18	F: GATTCCCGATTGGTTTTTGA	149 bp
	R: CCCAATAATGACGCAAACCT	

6. *AcerORs* 在触角中的 mRNA 定位分析

（1）探针的设计与合成。根据已获得的目的基因 cDNA 全长序列设计原位杂交用引物，在每个基因序列上设计三条特异性好的反义链寡核苷酸探针（表 5-4），探针的地高辛标记及探针合成工作交由武汉博士德生物公司协助完成。正义链探针杂交结果即为阴性对照。

表 5-4 用于原位杂交实验的探针序列

探针	探针序列（5′-3′）
AcerOr1	ACAAATCGGACGCAGAATACACAGTACACGTC
	TTAAGCCTT AGTTATACCGGCGCTTTGCCC
	GCAAGTGGAATAATCGGGATTTGCATGATCGTGT
AcerOr2	TTGCGCGCTATGGTAGTCTATCGGCAATTCTTCTA
	AAGCGAACGCTCGTCTAGGTCGTAGACTTCTTGTA
	ATGGTTCGTTGTTTCTATGTGCGTCATCTGTGCAT
AcerOr3	GCGGGTCGGACGCTGGGTATACGGTGCGCGTG
	CTGTTCCTG GGTTACGGTGGTGCCTTACCT
	TAAAAAACCGAGAT TTGCGTGGCCGCATCGC

（2）原位杂交。用眼科镊将蜜蜂的触角完整取下，置于载物台上，滴加包埋剂，立即放入冰冻切片机中冷冻 10 min 后切片，切片厚度约 8 μm，展片后立即粘附到载玻片上，置于固定液中室温固定 20～30 min [固定液为 4%多聚甲醛 /0.1 mol/L PBS（pH 值 7.2～7.6），含有 1/1 000 DEPC]。蒸馏水充分洗涤，30% H_2O_2 1 份＋纯甲醇 50 份混合，室温处理 30 min。蒸馏水洗涤 3 次。切片上滴加 3% 柠檬酸新鲜稀释的胃蛋白酶（1 mL 3% 柠檬酸加 2 滴浓缩型胃蛋白酶，混匀），37℃或室温消化 5～120 s。原位杂交用 PBS 洗 3 次 ×5 min，蒸馏水洗 1 次。用固定液为 1% 多聚甲醛 /0.1 mol/L PBS（pH 值 7.2～7.6），含有 1/1 000 DEPC。室温固定 10 min。蒸馏水洗涤 3 次。

在干的杂交盒底部加 20% 甘油 20 mL 以保持湿度。将切片排放在湿盒上，按每张切片 20 μL 加预杂交液。恒温箱 38～42℃加热 2～4 h。吸取多余液体，不洗。按每张切片 20 μL 杂交液，加在切片上。将原位杂交专用盖玻片的保护膜揭开后，盖在切片上。恒温箱 38～42℃杂交过夜 (根据杂交情况可以调节)。同时做阴性对照组。揭掉盖玻片，37℃左右水温的 2×SSC 洗涤 5 min×2 次；37℃ 0.5×SSC 洗涤 15 min×1 次；37℃ 0.2×SSC 洗涤15 min×1 次。

滴加封闭液 37℃ 30 min。甩去多余液体，不洗。滴加生物素化鼠抗地高辛：37℃ 60 min 或室温 120 min。原位杂交用 PBS 洗 5 min×4 次。滴加 SABC37℃ 20 min 或室温 30 min。原位杂交用 PBS 洗 5 min×3 次。滴加碱性磷酸酶37℃ 20 min 或室温 30 min，TBS 洗 5 min×4 次。用 0.01 mol/L 的 TBS 稀释 BCIP/NBT 显色剂，50 倍稀释，滴加至标本上。避光显色 10～30 min，若无背景出现则可继续显色。必要时核固红复染，充分水洗。梯度酒精脱水，二甲苯透明，封片。最后光学显微镜下观察结果，用 Image-Pro Plus 7.0 软件并拍照。

7. 数据分析

荧光定量结果应用 MXPro-MX3000P 软件（Stratagene，美国）进行分析处理。根据标准曲线及荧光曲线的 Ct 值，采用 $2^{-\triangle\triangle Ct}$ 法进行数据分析。采用 SPSS17.0 软件中的 ANOVA 法进行单因素方差分析，Duncan 氏法进行显著性差异分析。所得结果均以平均数 ± 标准误表示，并利用 OriginPro 8.0 软件进行图形分析。

第二节　实验结果与分析

一、基因组 DNA 与总 RNA 的提取结果

1. 基因组 DNA 的检测结果

采用酚-氯仿抽提法提取了中蜂胸部肌肉组织基因组 DNA，经琼脂糖凝胶电泳检测，所提取的 DNA 呈一条整齐、清晰的亮带，无拖尾现象，说明 DNA 完整性较好，未降解（图 5-1）。经核酸蛋白测定仪测定 DNA 的吸光度 OD260/280 均在 1.7～1.9，表明 DNA 的纯度较高，且浓度均大于 300 ng/mL，符合后续扩增实验要求。

2. 总 RNA 的检测结果

按照 Trizol 操作说明提取的中蜂触角总 RNA，通过核酸测定仪检测其纯度和浓度，吸光度 OD_{260}/OD_{280} 均在 1.8～2.1，表明样本无降解，纯度较高，浓度约为 800 ng/μL。经电泳检测可见所提取的总 RNA 有 3 条带，从上至下分别为 28 S，18 S 和 5 S，电泳结果表明所提取的 RNA 完整性较好，无明显降解（图 5-1），可用于后续反转录实验。

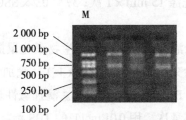
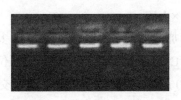

图 5-1　中蜂胸部基因组 DNA 和触角总 RNA 检测结果

（左图为 RNA 电泳检测结果；M 为 DL 2 000 Marker；右图为 DNA 电泳检测结果）

二、*AcerORs* cDNA 全长序列的特点

1. *AcerORs* 的 cDNA 序列特性

将 cDNA 部分序列与 cDNA 5′、3′末端序列拼接后获得了中蜂气味受体基因 *AcerOr1*、*AcerOr2* cDNA 和 *AcerOr3* 的完整序列，并已提交至 GenBank，登录号分别为：JN792580、JN792581、JX049410。

AcerOr1 基因 cDNA 全长为 1 507 bp，包含有 ORF 1 215 bp，5′-UTR 93 bp 和 3′-UTR 199 bp。编码区碱基组成为：A 30.4 %、T 30.9 %、G 20.3 %、C 18.4 %。3′-UTR 包含一个加尾信号 AATAAA（位于终止密码子下游 148 bp 处）和由 23 个腺苷酸组成的 PolyA 尾（图 5-2）。

```
ACATGGGGGCACTCGTTCGCAATCATTCAAAGAGTTTTCCATCGAGCAGGTTTTCTATCACAGAAGAATCAGAAAATCGTGTTATCGAACGATATGGACGAGGAGATGGA   110
                                                                                                             M  E
AAATACCACGAATTATCGTAACATTCATTACAAATCGGACGCAGAATACACAGTACACGTCGCCAAGACATTATTGACACTGATCGGAATCTGGCCTAGGAGGAATACGT   220
 N  T  T  N  Y  R  N  I  H  Y  K  S  D  A  E  Y  T  V  H  V  A  K  T  L  L  T  L  I  G  I  W  P  R  R  N  T
TCATAGATAACGTAAAATTTTACGTTCAGATAGGAATTGTCTTTTTTCTTATGTGTTTTCTCTTACTACCACACGTGATTTATACTTACTTCGATTGCGAAAATCTGACC   330
F  I  D  N  V  K  F  Y  V  Q  I  G  I  V  F  F  L  M  C  F  L  L  L  P  H  V  I  Y  T  Y  F  D  C  E  N  L  T
AAATACATGAAAGTGATTGCCGCTCAGATTTTCAGTCTTTTGGCGATCATTAAATTTTGGACGATTATCATTAACAGAGAGGAGATCCGATTTTGCTTGATGGAGATAGA   440
  K  Y  M  K  V  I  A  A  Q  I  F  S  L  L  A  I  I  K  F  W  T  I  I  I  N  R  E  E  I  R  F  C  L  M  E  I  E
GATGCAATACAAAGACGTGGAATGCGAAGAAGATCGGTTGGTAATGATGAACACTGCAAAAATCGGCCGATTCTTCACAATCGTATATTTAAGCCTTAGTTATACCGGCG   550
 M  Q  Y  K  D  V  E  C  E  E  D  R  L  V  M  M  N  T  A  K  I  G  R  F  F  T  I  V  Y  L  S  L  S  Y  T  G
CTTTGCCCTATCACATTATTTTGCCCCTGATATCGGAAAGAATCGTCAAGGAGGACAACACGACTCAGATACCATTGCCTTATTTGAGCGACTACGTTTTCTTCGTAATC   660
A  L  P  Y  H  I  I  L  P  L  I  S  E  R  I  V  K  E  D  N  T  T  Q  I  P  L  P  Y  L  S  D  Y  V  F  F  V  I
GAGGATTCGCCGATTTACGAGATGACTTTCGTATTGCAAATATTCATCAGCAGTATTATTTTGTCTACGAATTGTGGGACTTACAGCTTGATCGCATCTATAACGATGCA   770
  E  D  S  P  I  Y  E  M  T  F  V  L  Q  I  F  I  S  S  I  I  L  S  T  N  C  G  T  Y  S  L  I  A  S  I  T  M  H
CTGTTGCGGTCTGTTCGAGGTTACCAATAGAAAGATCGAGACGCTTTGCAAGTGGAATAATCGGGATTTGCATGATCGTGTTATTGACATCGTTCAATCTCATCTGAAAG   880
 C  C  G  L  F  E  V  T  N  R  K  I  E  T  L  C  K  W  N  N  R  D  L  H  D  R  V  I  D  I  V  Q  S  H  L  K
CAATCGAATACTCTGCACGGGTTGGAGAATCACTGAGCATCGTATTTTTATCGGAAATGCTTGGTTGCACCATCATAATATGTTTCTTAGAATTTGGTGTAATCATGGAA   990
A  I  E  Y  S  A  R  V  G  E  S  L  S  I  V  F  L  S  E  M  L  G  C  T  I  I  I  C  F  L  E  F  G  V  I  M  E
TTGGAAGATCATAAAACATTGAGCACAGTAACGTATTTTGTTTTAATGACGTCAATTTTCGTAAATGTGTTCATAATATCGTTTATTGGTGACCGTCTCAAACAAGAGAG   1 100
  L  E  D  H  K  T  L  S  T  V  T  Y  F  V  L  M  T  S  I  F  V  N  V  F  I  I  S  F  I  G  D  R  L  K  Q  E  S
TGAGAGAATAAGAGAAACATCATATTTCATACCATGGTACGATTTTCCAACGGAAGTGGCAAAAAATATAAAGACAATCATACTTAGAGCCAGTCGACCATCAAGTCTGT   1 210
 E  R  I  R  E  T  S  Y  F  I  P  W  Y  D  F  P  T  E  V  A  K  N  I  K  T  I  I  L  R  A  S  R  P  S  S  L
CTGGGGCCAAGATATTAGATCTTTCTCTTCAAGCATTTTGCGATGTTTGCAAAACTTCGGCAGCCTACCTTAATTTTCTGCGTGCAATGACGGTATAAAAATTCACACAA   1 320
S  G  A  K  I  L  D  L  S  L  Q  A  F  C  D  V  C  K  T  S  A  A  Y  L  N  F  L  R  A  M  T  V  *
AAGAGATTCCAAAGGTTTTGAAAAAGTTGAAAAATGAATGAAATGATTAAGAGTAAGTATAAATGTAATGCACATAATATAATTGTTTGAAATTACTTTGGGTAGAGAAA   1 430
AATAAGGAAATGTTTTGAGAATGGTAATAAATGTCTTGCTTATCTCTCAAAAAAAAAAAAAAAAAAAAAAAAAAAAA
```

图 5-2　*AcerOr1* cDNA 核苷酸及其推导的氨基酸序列

（起始密码子和终止密码子用方框标注；加尾信号用双下划线标注）

AcerOr2 基因 cDNA 全长为 1 763 bp，包含有 ORF 1 437 bp，5′-UTR 116 bp 和 3′-UTR 210 bp。编码区碱基组成为：A 26.2 %、T 25.4 %、G 24.4 %、C 24.0%。3′-UTR 包含有一个加尾信号 AATAAA（位于终止密码子下游 165 bp 处）和由 26 个腺苷酸组成的 PolyA 尾（图 5-3）。

```
TGCGGTTGATTCCCCGGGACGCCGAGGGATCTCTAAGTTTTCCTCGATCCTCCCGCGAGGAGTTCGCGTTCTTCGCCGTGGATTTGAACCGCGTGGCCCACGTACCCGC    110
CTCAAGATGATGAAGTTCAAGCAACAGGGGCTAATCGCCGACTTGATGCCAAACATTAATCTGATGAAAGCAAATGCCGTTCATGTTCATGTTCATGTTCTACTACTGACAGTTC    220
           M M K F K Q Q G L I A D L M P N I N L M K A T G H F M F N Y Y T D S S
CACGAAACACATACACAAGATCTACTGTATCGTCCACCTGGTCCTGATACTGATGCAGTTCGGATTCTGCGGTATCAATCTAATGATGGAGAGCGACGACGTGGACGATC    330
T K H I H K I Y C I V H L V L I L M Q F G F C G I N L M M E S D D V D D
TCACCGCGAACACCATCACCATGCTCTTCTTCACGCACAGCGTGGTCAAGCTCGTTTATTTCGCCGTCAGGAGTAAATTGTTCTACAGAACGCTGGGCATATGGAACAAT    440
L T A N I T M L F F T H S V V K L V Y F A V R S K L F Y R T L G I W N N
CCGAACAGCCCCTCCCTCTTCGCCGAGAGCAACGCGCGATACCATCAGATAGCCGTTAAGAAGATGAGGATACTGCTGGCAGTTATAGGGACCACCGGTGCTGTCCTCGC    550
P N S H P L F A E S N A R Y H Q I A V K K M R I L L L A V I G T T V L S A
CATTTCTTGGACCACCATCACGTTCATTGGCGACTCTGTGAAAAAGGTCATCGATCCTGTCACTAACGAAACAACCTACGTCGAGATACCAAGGTTGATGGTGCGTTCCT    660
I S W T T I T F I G D S V K K V I D P V T N E T T Y V E I P R L M V R S
GGTACCCTTACGACCCCAGCCACGGGATGGCCCATATTTTAACCTTGATATTCCAATTTACTGGCTGATATTCTGCATGGCAGACGCGAATCTGCTGGACGTGTTGTTC    770
W Y P Y D P S H G M A H I L T L I F Q F Y W L I F C M A D A N L L D V L F
TGCTCCTGGCTCCTGTTCGCCTGCGAGCAGATCCAGCACCTGAAGAACATCATGAAGCCTTTGATGGAGTTCAGCGCCACTCTGGACACCGTTGTCCCCAACAGTGGAGA    880
C S W L L F A C E Q I Q H L K N I M K P L M E F S A T L D T V V P N S G E
ACTGTTCAAGGCTGGCAGTGCAGAGCAACCGAAGGAACAGGAGCCATTGCCCAGTCACTCCACCTCAGGGTGAAAACATGTGGACATGGATCTTCGAGGGATTACA    990
L F K A G S A E Q P K E Q E P L P V P P Q G E N M L D M D L R G I Y
GCAACAGGACCGACTTCACGACCACCTTCCGGCCAACTGCTGGGATGACGTTCAACGGTGGTGTTGGGCCAAATGGGTTAACCAAGAAACAGGAAATGCTGGTACGAAGC    1100
S N R T D F T T T F R P T A G M T F N G G V G P N G L T K K Q E M L V R S
GCCATCAAGTACTGGGTAGAGAGGCACAAGCAAGCATATGGTGACGTGTGTACGGCTAATGGTGTAGCCTTTGCTGCACTATAGTGTAGCCGTTCTCATGCACACTTTTAT    1210
A I K Y W V E R H K H I V R L V T A I G D A Y G V A L L L H M L T T T I T
GTTAACTTTGCTCGCTTACCAAGCAACAAAGATACACGCAGTAGACACGTACGCAGCATCAGTAGTAGGTTATTTATTGTACTCTCTAGGACAAGTGTTTATGCTCGTTA    1320
L T L L A Y Q A T K I H A D T Y A A S V V G Y L L L Y S L G V F M L C
TATTTTGGGAAAATCGTCCCATTGAAGAGAGCTCATCAGTGATGGAAGCAGCATATTCTTGTCACTGGTATGATGGATCAGAGGAGGCCAAAACCTTTGTACAGATTGTTTGT    1430
I F G N R P I E E S S V M E A A Y S C H W Y D G S E E A K T F V Q I V C
CAGCAGTGTCAGAAGGCGATTTCATGTCAGGGGCAAAAGTTTTTCACTGTATCTTTGAGCCTCTTTGACTTCGCCAGCGTTCTGGGTGCTATGGTGACTTACTTTATGGT    1540
Q Q C Q K A M S I S G A K F F T V S L D L F A S V L G A M V T Y F M V L
GCAACTGAAGTGAACGTTGAAGAATATTCACTTTAGGATTGAAAATTGGAACGATGATGAATGTGTAATCGAAATGATTATCGAACAGGAGTCGTCGTTCTTCATGTCTCA    1650
Q L K *
TTATTTTAAATGTTCAATTTTTGTATGGATTCAGCTGGAAACTGTGACTAAATGACAATGTGTAGAATTAATAAATTCTAACGATGAGCAAAAAAAAAAAAAAAAAAAA    1760
AAA
```

图 5-3 *AcerOr2* cDNA 核苷酸及其推导的氨基酸序列

（起始密码子和终止密码子用方框标注；加尾信号用双下划线标注）

AcerOr3 基因 cDNA 全长为 1 320 bp，包含有 ORF 1 209 bp，5′-UTR 85 bp，3′-UTR 26 bp。编码区碱基组成为：A 29.6 %、T 31.0 %、G 21.6 %、C 17.8 %。其 3′-UTR 的加尾信号与终止密码子重叠，PolyA 尾包含 19 个腺苷酸（图 5-4）。

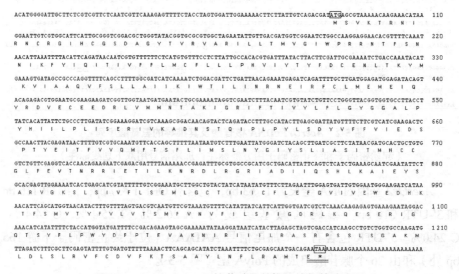

图 5-4 *AcerOr3* cDNA 核苷酸及其推导的氨基酸序列

（起始密码子和终止密码子用方框标注；加尾信号用双下划线标注）

2. AcerOr1 与 AcerOr3 DNA 序列的比较结果

将扩增获得的内含子序列与 cDNA 全长序列进行拼接，最终获得了 *AcerOr1* 和 *AcerOr3* 基因组 DNA 的完整序列，GenBank 登录号分别为：JN544932、JX258126。

AcerOr1 DNA 序列自转录起始至 polyA 之前的长度为 2 049 bp，其中包含 4 个内含子，序列长度分别为 333 nt、79 nt、86 nt 和 67 nt。与之类似，*AcerOr3* DNA 序列自转录起始至 polyA 之前的长度为 1 872 bp，也包含 4 个内含子，序列长度分别为 332 nt、70 nt、79 nt 和 90 nt。两基因全长序列模式结构比较，如图 5-5 所示。

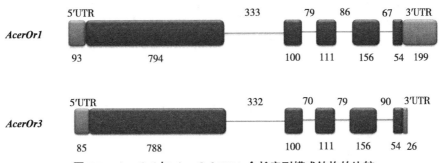

图 5-5　*AcerOr1* 与 *AcerOr3* DNA 全长序列模式结构的比较

（矩形框代表外显子；两末端代表非翻译区；连接外显子的横线代表内含子；数字表示外显子和内含子的片段大小）

AcerOr1 与 *AcerOr3* DNA 序列比对结果显示两基因相似度较高，达到 77.3%，其中内含子相似度为 64.5%，5′ 非翻译区为 73.1%，3′ 非翻译区由于两基因序列长度差异太大而无从进行比较。

3. AcerOrs 的氨基酸序列分析结果

AcerOr1、*AcerOr2* 和 *AcerOr3* 基因的编码区序列（coding sequence，CDS）分别编码 404 个、478 个和 402 个氨基酸。与其具有同源性的膜翅目其他昆虫的氨基酸序列进行多序列比对结果显示发现，AcerOr2 与其他膜翅目昆虫 Orco 直向同源基因有较高的相似度（＞75%），其中与 AmelOr2 的相似性最高，为 99.6%，与 PspOr2 的相似性最低，为 75.9%，详细信息见图 5-6。*AcerOr1* 与 *AcerOr3* 两基因的氨基酸相似度也较高，可达 82.7%，二者与其他膜翅目昆虫氨基酸序列相似度变异较大，在 51.7%～98.2%，见图 5-7。

同源性（%）

	1	2	3	4	5	6	7	8	9	10	11	12	13	14		
1		76.9	76.9	76.9	76.5	76.3	77.9	91.3	78.5	80.3	97.4	96.4	96.4	77.7	1	AbakOr2
2	27.6		76.9	99.6	92.2	91.8	77.5	76.1	77.3	77.7	76.5	77.3	75.9	77.1	2	AcerOr2
3	26.9	27.8		76.7	76.3	76.5	95.0	74.2	92.6	78.9	76.7	75.9	75.7	95.2	3	AechOr7
4	27.9	0.2	27.9		92.2	91.8	77.3	76.1	77.1	77.7	76.1	77.3	75.9	76.9	4	AmelOr2
5	28.4	8.4	29.0	8.2		97.8	76.3	75.7	76.9	78.1	76.1	75.7	74.8	76.1	5	BimpOr7
6	28.7	8.9	28.7	8.7	2.3		76.1	75.3	76.7	77.5	75.9	75.5	75.1	76.1	6	BterOr7
7	25.7	27.2	4.7	27.3	29.3	29.6		74.6	94.8	78.7	77.7	76.9	76.7	94.8	7	CfloOr7
8	9.7	28.8	30.9	29.1	29.7	30.3	30.6		75.1	79.1	91.5	90.9	90.7	74.6	8	CsmaOr2
9	25.4	27.6	7.5	27.7	28.4	28.8	5.2	30.6		78.5	78.3	77.7	77.3	93.2	9	HsalOr7
10	23.4	27.1	24.6	26.8	26.7	27.6	25.2	25.1	26.1		79.5	78.9	78.7	78.1	10	MmedOr1
11	2.6	28.4	27.4	28.8	29.3	29.6	26.2	9.2	25.9	24.8		96.6	96.4	77.9	11	NvitOr1
12	3.9	27.0	28.4	27.3	29.7	30.0	27.2	10.2	26.6	25.4	3.5		97.6	77.1	12	PpilOr2
13	3.9	29.1	28.7	29.4	30.9	30.6	27.5	10.4	27.2	25.7	3.7	2.6		76.5	13	Psp.Or2
14	26.6	28.4	4.5	28.5	30.2	30.2	5.2	31.2	7.0	26.7	26.5	27.5	28.4		14	SinvOr
	1	2	3	4	5	6	7	8	9	10	11	12	13	14		

离异度（%）（左侧纵轴）

图 5-6　AcerOr2 与其他膜翅目昆虫同源氨基酸序列的相似性

同源性（%）

	1	2	3	4	5	6	7	8	9	10	11	12		
1		82.7	96.8	82.8	98.2	82.4	83.7	78.9	84.7	79.2	66.4	54.8	1	AcerOr1
2	19.8		81.8	93.2	82.4	95.0	74.6	75.8	75.1	76.1	63.7	51.7	2	AcerOr3
3	3.3	20.8		82.5	97.0	81.3	82.9	77.9	83.9	78.4	66.4	53.7	3	AfloOr2a-like
4	19.6	7.1	20.0		82.3	96.5	75.2	76.5	75.8	76.8	64.4	53.5	4	AfloOrUNP
5	1.8	20.1	3.1	20.2		81.9	84.0	78.2	85.0	78.4	65.9	54.2	5	AmelOr1
6	20.1	5.2	21.5	3.6	20.8		74.4	75.8	74.9	76.1	65.0	52.6	6	AmelOr3
7	18.4	31.1	19.5	30.1	18.1	31.4		81.6	98.3	80.4	62.4	53.7	7	BimpOr82a-like
8	24.8	29.2	26.2	28.2	25.8	29.2	21.1		79.8	96.5	62.6	52.8	8	BimpOrUNP
9	17.1	30.4	18.2	29.3	16.8	30.6	1.8	23.6		78.6	62.9	53.9	9	BterOr82a-like
10	24.4	28.9	25.5	27.9	25.5	28.9	22.8	3.6	25.3		63.4	52.6	10	BterOrUNP
11	44.4	49.3	44.4	48.1	45.3	47.0	51.8	51.4	50.9	49.9		54.0	11	Mrot49b-like
12	68.0	75.3	70.5	71.0	69.2	73.2	70.5	72.6	70.0	73.2	69.7		12	NvitOr2
	1	2	3	4	5	6	7	8	9	10	11	12		

离异度（%）（左侧纵轴）

图 5-7　AcerOr1、AcerOr3 与其他膜翅目昆虫同源氨基酸序列的相似性

　　根据 AcerOr1、AcerOr2、AcerOr3 及其同源序列间的遗传距离，以果蝇 DmelOr83b 作为外群构建系统发育树（图 5-8）。从发育树中可以明显地看出 AcerOr2 与其他膜翅目昆虫共受体基因组成了一个大的分支，此分支由蜜蜂科、蚁科、茧蜂科和小蜂总科 4 个亚支构成；AcerOr1 和 AcerOr3 亲缘关系较近，并与它们的直向同源基因组成了另一大分支，此分支中，除切叶蜂和金小蜂外，在其他种类的昆虫中都分别存在一对同源性较高的基因。

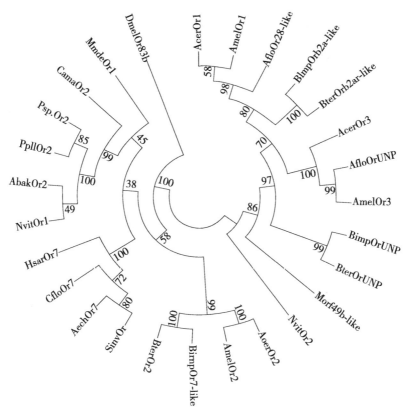

图 5-8　AcerOr1、AcerOr2、AcerOr3 及其他膜翅目昆虫同源序列的进化树

4. 选择压力的分析结果

　　一个蛋白质编码基因所承受的选择压力是基于异义替换和同义替换的比值来做出判断的。如果 dN/dS>1，则认为有正选择效应；dN/dS=1，则认为存在中性选择作用；而 dN/dS<1，则认为有纯化选择作用 (Yang et al.，2000)。我们对 *AcerOr1*、*AcerOr2*、*AcerOr3* 及其各自同源基因的 ORF 部分核苷酸序列进行多序列比对，然后将序列输入 SNAP 在线软件中，经运算最终获得了两个基因家系的选择压力。其中 Orco 家系平均 dS 值和 dN 值分别为 1.070 和 0.033，dN/dS 为 0.031；AcerOr1 和 AcerOr3 家系平均 dS 值和 dN 值分别为 1.102 和 0.127，dN/dS 为 0.115。从这一结果可以看出，两个基因家系 dN/dS 值都远小于 1，说明 3 个基因在进化中均承受了纯化选择的作用。另外，AcerOr1 和 AcerOr3 家系经受的选择压力比 Orco 家系高出近 4 倍，表明 AcerOr1 和 AcerOr3 家系进化速率较 Orco 的进化速率快。

三、*AcerOrs* mRNA 的表达特性

1. 不同发育期 *AcerOr2* 的表达特点

以 *Rps18* 为内参基因，分别以 35 日龄工蜂和 1 日龄雄蜂 *AcerOr2* 的 $\triangle C_T$ 均值作为各自相对定量的基准，根据 $2^{-\triangle\triangle Ct}$ 分析法计算出 *AcerOr2* 在工蜂及雄蜂不同发育期的转录表达情况，如图 5-9 所示。

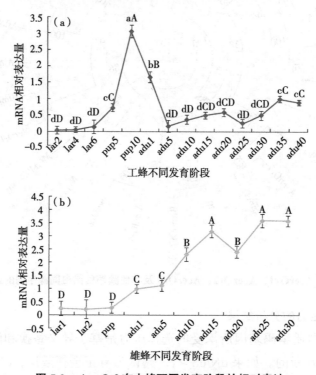

图 5-9 *AcerOr2* 在中蜂不同发育阶段的相对表达

（图 5-9a 是 *AcerOr2* 在工蜂中的相对表达量，lar2 和 lar4 代表第二天和第四天未封盖的幼虫；lar6 代表第六天的封盖幼虫；pup5 和 pup10 代表第五天和第十天的蛹；adu1～adu40 代表羽化后成蜂的日龄。图 5-9b 是 *AcerOr2* 在雄蜂中的相对表达量，lar1 代表未封盖幼虫；lar2 代表封盖幼虫；pup 代表即将羽化的蛹；adu1～adu30 代表羽化后成蜂的日龄）

相对定量分析结果表明，*AcerOr2* 的转录本在工蜂幼虫的整个阶段表达丰度均较低，随着个体的逐渐发育，相对表达量也稍有增加，到蛹期时增长较快，5 日龄蛹中的相对表达量是幼虫期的 3 倍左右。在蛹末期即羽化前一天 *AcerOr2* 的相对表达量达到最高值，比 5 日龄蛹的相对表达量高出 3 倍。羽化当天相对表达量也相对较高，为羽化前一天相对表达量的一半左右。随后的

成蜂期（5～40日龄）表达丰度相对较低，其中35～40日龄的相对表达量是5～30日龄相对表达量的1倍左右（图5-9a）。雄蜂 *AcerOr2* 的表达谱与工蜂的有所差异，其表达总体呈上升趋势。在幼虫期和蛹期的表达丰度较低，羽化后相对表达量开始逐渐升高，1～5日龄的相对表达量是幼虫期和蛹期相对表达量的3倍左右。5日龄后仍呈上升趋势，20日龄与10日龄相对表达量没有显著差异（$P>0.01$），成蜂末期相对表达量达到最高，为1日龄的3.5倍以上（图5-9b）。

　　另外，在工蜂和雄蜂中分别选取了两个发育时间点（成蜂1日龄和30日龄）来做比较，以分析同一目标基因在两性蜂中的表达差异。如图5-10所示，*AcerOr2* 在雄蜂中的相对表达量极显著高于工蜂中的相对表达量（$P<0.01$），1日龄时雄蜂是工蜂的4倍左右，30日龄时雄蜂是工蜂的45倍左右。结合 *AcerOr2* 在两性蜂中各自的表达情况，推测该基因在整个发育期是偏雄性表达的。

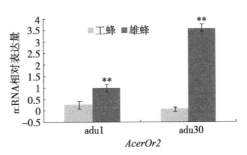

图5-10　*AcerOr2* 基因在工蜂和雄蜂中的表达差异

（adu1和adu30代表1日龄和30日龄的成蜂；** 表示 $P<0.01$，差异极显著）

2. 不同发育期 *AcerOr1*、*AcerOr3* 的表达特点

　　以35日龄工蜂和1日龄雄蜂触角的 *AcerOr1* 相对表达量为基准，研究 *AcerOr1* 和 *AcerOr3* 在中蜂不同发育期的表达情况。从图5-11a可以看出，*AcerOr1* 的转录本在工蜂未封盖幼虫中表达丰度较低，而封盖幼虫的相对表达量显著升高，为未封盖幼虫的6倍左右。蛹期的相对表达量稳步上升，而羽化第一天的相对表达量达到整个发育阶段的最高峰，超出蛹期相对表达量的2倍。5日龄的相对表达量也相对较高，此后急剧下降。在10～40日龄期间 *AcerOr1* 的表达丰度较低，但在20日龄左右出现了一个相对高的相对表达量。从工蜂整个发育期来看，*AcerOr3* 转录本的总体表达丰度要低于 *AcerOr1*，其相对表达量的峰值也出现在羽化第一天，但相对表达量仅为 *AcerOr1* 同时期的1/3左右。在整个发育期，雄蜂 *AcerOr1* 和 *AcerOr3* 的相对表达量从幼虫、蛹到成蜂均呈现出上升趋势，且 *AcerOr3* 的表达丰度持续高于 *AcerOr1*。在30日龄时，两基因mRNA的相对表达量均达到了最高值，且 *AcerOr3* 为 *AcerOr1* 的3倍多（图5-11b）。

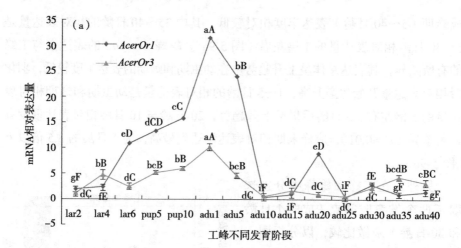

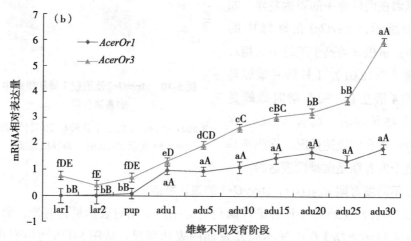

图 5-11 *AcerOr1*、*AcerOr3* 基因在中蜂不同发育阶段的相对表达

（图 5-11a 是 *AcerOr1* 和 *Or3* 在工蜂中的相对表达量，lar2 和 lar4 代表第二天和第四天未封盖的幼虫；lar6 代表第六天的封盖幼虫；pup5 和 pup10 代表第五天和第十天的蛹；adu1～adu40 代表羽化后成蜂的日龄。图 5-11b 是 *AcerOr1* 和 *Or3* 在雄蜂中的相对表达量，lar1 代表未封盖幼虫；lar2 代表封盖幼虫；pup 代表即将羽化的蛹；adu1～adu30 代表羽化后成蜂的日龄。不同发育阶段有相同小写字母的代表组间差异不显著 $P>0.05$；无相同小写字母的代表组间差异显著 $P<0.05$；无相同大写字母的代表组间差异极显著 $P<0.01$）

另外，经比较分析，*AcerOr1* 在工蜂羽化第一天的相对表达量较在雄蜂中相对表达量高出 10 倍，差异极显著（$P<0.01$），30 日龄时却较雄蜂极显著降低（$P<0.01$）（图 5-12a），因此，不易判定该基因的表达偏好性。从图 5-12b 可以看出，*AcerOr3* 在两个发育时期雄蜂相对表达量均极显著高于工蜂相对表达量（$P<0.01$），由此推断 *AcerOr3* 是偏雄性表达的。

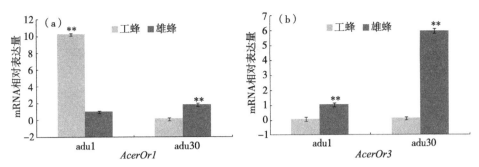

图 5-12 *AcerOr1*、*AcerOr3* 基因在工蜂和雄蜂中的表达差异

（adu1 和 adu30 代表 1 日龄和 30 日龄的成蜂；** 表示 *P*＜0.01，差异极显著）

3. *AcerOr2* mRNA 在中蜂触角上的定位分析结果

蜜蜂触角上分布有多种类型的化学感器，这些感器是由皮细胞特化而来的，而板形感器和毛形感器是蜜蜂触角中最常见的两种感器，这两种感器很可能与蜜蜂的嗅觉感受相关。本实验采用地高辛标记的 *AcerOr2* 寡核苷酸探针与中蜂触角切片进行原位杂交，并采用碱性磷酸酶系统，经 NBT/BCIP 显色后，阳性杂交信号应为蓝色颗粒状标记。从实验结果可见（图 5-13）在工蜂和雄蜂触角鞭节中，*AcerOr2* 的阳性杂交信号出现在触角底膜边缘的一连串细胞中，而这些细胞恰恰处在毛形感器和板形感器中。另外，可以明显看出在雄蜂触角中的蓝色颗粒相对于工蜂触角中的蓝色颗粒分布较为密集，说明 *AcerOr2* 在雄蜂触角中表达量多于工蜂触角中的表达量。而用正义链探针杂交后的阴性切片中几乎未见蓝色颗粒状标记。

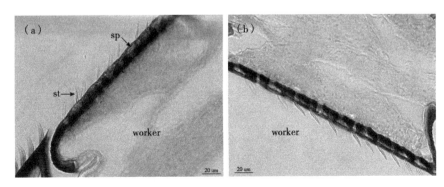

st—毛形感器；sp—板形感器。

图 5-13 *AcerOr2* mRNA 在中蜂触角上的定位

（图 5-13a 和图 5-13c 为用反义链探针杂交的实验组，触角边缘深蓝色颗粒为阳性杂交信号；图 5-13b 和图 5-13d 为相应的用正义链探针杂交的对照组；标尺为 20 μm）

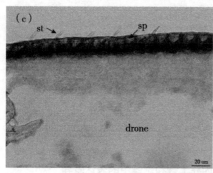
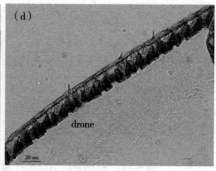

图 5-13（续）

4. *AcerOr1* 和 *AcerOr3* mRNA 在中蜂触角上的定位分析结果

从原位杂交图 5-14 和图 5-15 中可以看到，无论工蜂还是雄蜂，*AcerOr1* 和 *AcerOr3* mRNA 在触角中的阳性杂交信号均较弱，蓝色颗粒状标记只出现在极少数的神经元细胞中，说明 *AcerOr1* 和 *AcerOr3* 在中蜂触角中的表达量较少，但它们也同样表达在触角毛形感器和板形感器中。

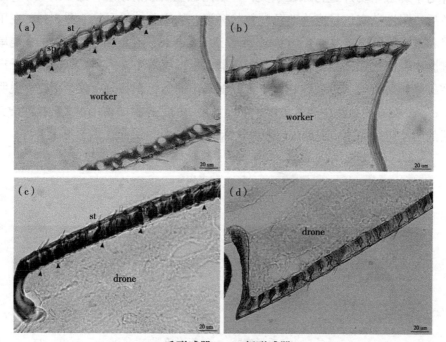

st—毛形感器；sp—板形感器。

图 5-14　*AcerOr1* mRNA 在中蜂触角上的定位

（图 5-14a 和图 5-14c 为反义链探针杂交结果；图 5-14b 和图 5-14d 为正义链探针杂交结果，箭头所指颗粒为阳性杂交信号；标尺为 20 μm）

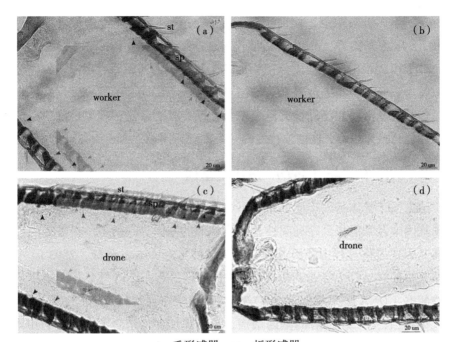

st—毛形感器；sp—板形感器。

图 5-15　*AcerOr3* mRNA 在中蜂触角上的定位

（图 5-15a 和图 5-15c 为反义链探针杂交结果；图 5-15b 和图 5-15d 为正义链探针杂交结果，箭头所指颗粒为阳性杂交信号；标尺为 20 μm）

第三节　讨　　论

一、*AcerOr1*、*AcerOr2*、*AcerOr3* 在膜翅目昆虫中的序列变异

在气味受体这个大家族中，不同种类昆虫间的气味受体是高度分化的，与脊椎动物和线虫间几乎找不到同源的序列。而有一类气味受体——Or83b 家族（也称共受体 Orco 家族）在不同昆虫中是高度保守的，相似度可达 60%～80%。本研究以西方蜜蜂气味受体 mRNA 和 DNA 序列为参照，成功克隆了中蜂 *Or1*、*Or2* 及 *Or3* 的 cDNA 全序列（包括 CDS 区和 5′、3′UTR 区）及 Or1 与 Or3 的全部内含子序列。

氨基酸序列比对结果显示，AcerOr2 与其他膜翅目昆虫 Orco 基因具有较高的相似性，相似度大于 75%，这与在鳞翅目昆虫的研究结果类似（Xiu et al.，2010），另外与双翅目昆虫果蝇 Or83b 的序列相似度也超过了 60%，表明

AcerOr2 属于 Orco 家族，同时也暗示了 Orco 家族在功能上的保守性。中蜂 AcerOr2 与西方蜜蜂 AmelOr2 相似度高达 99.6%，而 AcerOr1 和 AcerOr3 与 AmelOr1 和 AmelOr3 相似度分别为 98.2% 和 95%，与膜翅目不同属的昆虫间相似度小于 85%，与其他目类下的昆虫几乎找不到同源的序列，这又一次验证了传统气味受体在不同种类昆虫中是高度变异的，这种现象也许正是形成昆虫对气味感知的专一性和独特性的一个重要原因。

二、*AcerOr1* 与 *AcerOr3* 是重复基因

昆虫气味受体基因广泛分布在不同染色体上，但许多基因成簇存在且在一簇基因中经常能找到序列间彼此高度相似的基因，暗示了一些古老的气味受体基因在进化过程中经历过基因复制事件（Robertson et al.，2003）。本研究所获得的 *AcerOr1* 与 *AcerOr3* 应为重复基因，第一，这两个基因的序列相似性较高（DNA 序列相似度为 77.3%，氨基酸序列相似度为 82.7%），分子量大小相当；第二，二者的基因结构也十分类似，均包含 5 个外显子和 4 个内含子，外显子 / 内含子边界所处的位点也较相似；第三，在已知的西方蜜蜂基因组上，这两个基因都位于 2 号染色体上，且呈串联排列（Forêt et al.，2006）。从以上数据中可以推测出中蜂的 *Or1* 和 *Or3* 基因也应是在同一染色体上串联排列的。

三、关于 3 个气味受体基因的进化关系

昆虫的气味受体基因组成了一个庞大的基因家族，这个家族的起源与进化是神秘而值得深入研究的，在这个家族中伴随着一些基因的重复与缺失，反映了昆虫气味受体基因古老的起源和快速的进化现象（Nei et al.，2008）。对 *AcerOr1*、*AcerOr2*、*AcerOr3* 基因选择压力的分析可以使我们从一个侧面了解蜜蜂气味受体基因的进化关系。分析结果表明，这 3 个基因 dN/dS 的值远小于 1，接受的均是纯化选择，即负选择的作用。低的 dN/dS 值也许是由于记忆功能约束而导致的，所以这一结果暗示这 3 个气味受体在中蜂嗅觉识别过程中发挥了重要的作用。但 *AcerOr1*、*AcerOr3* 的值较 *AcerOr2* 大，说明 *AcerOr1* 和 *AcerOr3* 的进化速率较快。

另外，在构建的系统进化树中可以看到，AcerOr2 及其同源基因构成了一大分支，此分支又分成了 4 个亚支，分别为蜜蜂科、蚁科、茧蜂科和小蜂总科。由此可见气味受体中这个共受体家族能够较好地反映出膜翅目不同昆

虫间的进化关系。AcerOr1 和 AcerOr3 与其同源基因构成的另一大进化分支则更好地反映了各气味受体基因间的进化关系。类似 AcerOr1 和 AcerOr3 这样的基因重复事件在蜜蜂科其他种属的昆虫中也有发生，如在西方蜜蜂，小蜜蜂和雄蜂中也存在相应的重复基因，而在切叶蜂和金小蜂中却不存在对应的重复基因，显示了膜翅目昆虫传统气味受体基因所经历的生死进化模型机制（birth-and-death model）（Roelofa et al.，2003）。

四、关于 3 个气味受体基因的相对表达量

本研究对传统气味受体基因 AcerOr1、AcerOr3 以及其共受体基因 AcerOr2 在中蜂不同发育阶段的表达谱进行了较为详尽的分析。其中，AcerOr2 mRNA 在幼虫阶段相对表达量较低，这与在果蝇、致倦库蚊 Culex quinquefasciatus 等的研究结果类似（Krogh et al.，2001；Rost et al.，2003）。AcerOr1 和 AcerOr3 在幼虫阶段的相对表达量也较低，说明中蜂在幼虫阶段接受气味分子的能力可能较弱。

张林雅等（2012）报道中蜂 Orco 在工蜂卵、幼虫和蛹期均呈低丰度表达，在 1 日龄工蜂触角中相对表达量最高，而本研究发现在中蜂蛹期第五天，AcerOr2（即 Orco）的相对表达量较幼虫期已明显升高，这可能是由于采样时间的不同而造成的差异；在羽化出房前后相对表达量也达到了最高水平，内勤蜂和采集蜂阶段也有广泛的表达，与张林雅等的研究结果类似。Jordan 等利用荧光定量 PCR 研究苹果褐卷蛾 Epiphyas postvittana EpOr2 的表达情况，结果表明 EpOr2 在雄蛾触角中的相对表达量为雌蛾的两倍（Jordan et al.，2009）。本研究对两性蜂 AcerOr2 的定量分析结果与之相似，即雄蜂相对表达量高于工蜂，产生这种现象的原因可能是由于与工蜂相比雄蜂具有更多感受信息素的板形感器，因而雄蜂需要有更多的共受体 AcerOr2 与信息素受体一起共同表达所造成的结果。但也有类似的定量实验显示共受体家族成员，家蚕 BmoOr2、中红侧沟茧蜂 MmedOr1、棉铃虫 HarmOr2 的相对表达量在雌雄两性中基本是相等的（Wanner et al.，2007；张帅等，2009b），说明共受体的表达可能存在物种间的差异。本研究结果暗示 AcerOr2 在工蜂和雄蜂接受普通气味分子和信息素过程中都发挥着重要的调节作用。

关于传统气味受体表达的研究也有大量报道，如 Krieger 等（2004）发现烟芽夜蛾 HR11 在雄蛾触角中相对表达量高于雌蛾，家蚕 BmOr1 和 BmOr3 特异性地在雄性触角中表达，推测这些基因可能与性信息素的感知有关

（Krieger et al., 2005）。Wanner 等对鉴定的 41 个家蚕气味受体基因的表达谱研究发现，*BmOr19* 和 *BmOr30* 主要是在雌性中表达的，雄性的相对表达量极少，推测可能与雌性家蚕寻找产卵场所或感受雄性家蚕释放的求偶信息素有关（Wanner et al., 2007）。对苹果褐卷蛾的研究表明，*EpOr1* 和 *EpOr3* 在雌雄两性中相对表达量无显著差异（Jordan et al., 2009）。

国内学者在传统气味受体表达方面也进行了相关研究，如张帅等（2009a）发现在棉铃虫 11 条气味受体基因中，*OR3*、*OR13* 和 *OR14* 仅在雄性触角内表达；*OR12* 和 *OR20* 在雌性触角的相对表达量要高于雄性触角，其余气味受体在雌雄触角中的相对表达量则相当。烟芽夜蛾气味受体基因 *HROr1*、*HROr3* 和 *HROr18* 均偏雄性表达（张元臣，2011）。本研究结合各气味受体基因不同发育阶段及两个样点两性蜂中的表达特点，可以推断 *AcerOr3* 是偏雄性表达的。

由于不同昆虫间传统气味受体的变异较大，不同物种间或同一物种基因间气味受体的表达特性很难进行横向比较，似乎每个气味受体都有其独特的表达方式，这也从一个侧面反映了不同昆虫对气味分子感受过程的特殊性与复杂性。*AcerOr1* 与 *AcerOr3* 虽然序列相似性很高，但从荧光定量结果看其表达方式存在较大差异，是否这两个基因在进化过程中发生了功能上的分化，还需要今后对其功能进行深入研究才能做出进一步解释。另外从整体实验结果来看，3 个气味受体基因在工蜂发育阶段的相对表达量变化较大，而在雄蜂中呈现出较单一的渐进上升趋势，推测这可能与工蜂和雄蜂各自的行为特性及所行使的生物学功能有关。

五、3 个气味受体基因在触角感器中的分布特性

在昆虫庞大的气味受体家族中，Orco 是较为特殊的受体，它在不同昆虫中较为保守，而且在大多数触角嗅觉神经元中均被表达。Krieger 等（2003）早期也采用原位杂交的方法研究了西方蜜蜂 *AmelOr2* mRNA 的表达情况，发现 *AmelOr2* 探针在工蜂触角边缘一连串的细胞中均被标记，这些细胞大多数位于板形感器中，也有一部分可能属于毛形感器。国内学者采用多克隆抗体及免疫荧光定位技术分析 AcerOrco 蛋白在工蜂触角中的表达情况，发现该受体蛋白可能主要分布在工蜂触角毛形感器的外部神经元以及板形感器的树突神经元中。从本研究定位分析结果可以看出，*AcerOr2* mRNA 也同样在中蜂触角中广泛表达，这种表达方式与其他昆虫共受体成

员，如果蝇 *DOr83b*、*AgOr7* 和 *MsexOr2* 等的表达方式也相类似。这种表达方式说明 *AcerOr2* 在中蜂行使嗅觉能力过程中发挥了极其重要的作用。另外值得注意的是 *AcerOr2* 在雄蜂中的相对表达量要多于工蜂中的相对表达量，这与第四章荧光定量的结果相吻合，可能是因为雄蜂拥有较多的板形感器，因而雄蜂需要有更多的共受体（AcerOr2）来与信息素受体一起共同表达而导致的结果。

　　西方蜜蜂拥有 170 个气味受体，这个数量恰好与蜜蜂触角叶中嗅小球的数量相当，大致符合一个受体 / 一个神经元 / 一个嗅小球的关系。所以从理论上来讲，单个传统气味受体只在蜜蜂触角神经元中有选择地表达，而且相对表达量较低，但不排除存在个体表达差异。本研究结果恰恰证实了这一推测，*AcerOr1* 与 *AcerOr3* 的阳性表达信号很少，可能只在极少数的毛形感器和板形感器细胞中表达。另外，杂交结果显示 *AcerOr1*、*AcerOr3* 在工蜂和雄蜂中均有表达，但由于相对表达量的限制，所以难以判断它们的相对表达量究竟是在工蜂中较多还是在雄蜂中较多。基于昆虫种类繁多和传统气味受体的高度变异性的特点，不同昆虫传统气味受体的表达方式也不尽相同。同样利用原位杂交的方法，Patch 等（2009）检测到烟草天蛾气味受体 *MsextaOr1* 仅在雄蛾触角的毛形感器中表达，而雌蛾触角中无表达。Miura 等（2010）对 *OscaOr1* 及 *OscaOr3~8* 等 7 个传统气味受体在麻田豆秆野螟雄虫的毛形感器和锥形感器中表达，*BmOr19*、*BmOr45* 和 *BmOr47* 在家蚕雌虫的大量毛形感器中表达进行了研究。前期实验表明 *AcerOr1* 与 *AcerOr3* 相似性极高，那么这两个气味受体基因是否在同一个嗅觉感器中表达还需要今后进一步的研究来佐证。

　　在本研究基础上，团队成员杨珊珊通过 Western Blot 及免疫组化技术完成了 AcerOr1 和 AcerOr2 蛋白定量与定位分析（杨珊珊，2015）；随后，郭丽娜利用 RNAi 及 Sf9 异源细胞表达体系探讨了 AcerOr1 和 AcerOr2 潜在的生物学功能，并对其可能参与的 Ca^{2+}/CaM/ CaMKII 通路及其在雄蜂非嗅觉组织中参与的调控雄蜂精子功能进行了初探（郭丽娜，2018）。

第四节　小　　结

　　（1）本研究成功克隆了中蜂 3 个气味受体基因 *AcerOr1*、*AcerOr2*、*AcerOr3* 的 cDNA 全长及 *AcerOr1* 和 *AcerOr3* DNA 的全部内含子序列。序列分析结果表明，*AcerOr2* 是较为保守的基因，属于共受体家族的成员，此基因进化速度适中，适合于物种进化分类的研究。*AcerOr1* 与 *AcerOr3* 是两个重复基因，基因序列与基因结构相似性较高，进化速率较快，同源性搜索及系统发育树的构建显示了中蜂传统气味受体基因经历了生死演化模型机制。

（2）生物信息学分析显示，3 个目的蛋白都不存在信号肽和糖基化位点；AcerOr1 拥有的磷酸化位点数最多，为 18 个，AcerOr2 和 AcerOr3 则分别具有 13 个和 11 个。AcerOr2 含有 7 个跨膜域，而 AcerOr1 和 AcerOr3 含有 6 个跨膜域。在蛋白质二级结构中，α-螺旋所占的比例最高，达 70% 以上，其次为无规卷曲，占 20% 左右，而 β-折叠结构均小于 10%。

（3）各气受体基因在雄蜂和工蜂中都有表达，且具有各自的表达特点，但也有相似之处，即在工蜂中均是于羽化出房前后表达量达到最高，而在雄蜂中相对表达量是逐步升高的。另外，*AcerOr2* 和 *AcerOr3* 在雄蜂中的相对表达量高于工蜂。

（4）从原位杂交结果可以看出 3 个气味受体基因的表达部位相似，均定位在靠近触角边缘的板形感器和毛形感器嗅觉神经元细胞中。但不同的是，*AcerOr2* 表达量高，在大多数的嗅觉感器细胞中都有表达，而 *AcerOr1*、*AcerOr3* 表达量低，仅在少数嗅觉感器细胞中表达。另外，*AcerOr2* 基因在雄蜂触角中的表达量明显高于工蜂，与荧光定量的结果相一致。

第六章　展望

　　本书介绍了中蜂主要外周嗅觉器官触角的微观结构，鉴定了触角中的嗅觉基因家族。选择其中具有代表性的 OBPs 和 ORs 进行了深入分析，从序列特征到基因表达特性，再到基因功能的分析。在研究过程中应用了电镜技术、转录组测序技术、生物信息学、电生理学、分子生物学、生物化学等多种实验手段。

　　但昆虫的嗅觉系统是极其复杂而精密的，而蜜蜂又是社会性程度极高的昆虫，我们的研究工作只是众多待解决科学问题中的冰山一角，仍有很多奥秘值得去探索，如在外周嗅觉信号转导过程中各类嗅觉基因之间、嗅觉基因与嗅觉神经元之间、外周嗅觉神经元与中枢嗅觉系统间的联系与相互作用等。而基础研究工作最终的落脚点是生产应用，我们相信这些研究必将对现代仿生学的技术升级、高效授粉引诱剂的设计利用以及蜜蜂遗传种质资源的保护奠定良好的基础。

参 考 文 献

陈丽慧, 李梅梅, 陈秀琳, 等, 2019. 梨小食心虫普通气味受体基因 *GmolOR20* 的克隆及表达分析 [J]. 昆虫学报, 62(4): 418-427.

陈艺杰, 2017. 中华蜜蜂和意大利蜜蜂 takeout 基因的克隆、时空表达及功能分析 [D]. 福州：福建农林大学.

程红, 2006. 青杨脊虎天牛触角感器类型及其对植物挥发物的反应 [D]. 哈尔滨：东北林业大学.

杜亚丽, 张中印, 潘建芳, 等, 2016. 中华蜜蜂气味结合蛋白基因 *AcerOBP14* 的克隆及时空表达 [J]. 中国农业科学, 49(19): 3852-3862.

杜芝兰, 1989. 中华蜜蜂工蜂触角感受器的扫描电镜观察 [J]. 昆虫学报, 32(2): 166-169, 259.

段云博, 朱晓珍, 叶家桐, 等, 2020. 红棕象甲触角感器的超微结构 [J]. 植物保护, 46(6): 103-110.

关天旺, 刘嘉煜, 2015. 柠檬烯的防腐作用及抑菌机理研究进展 [J]. 保鲜与加工, 15(6): 83-87.

郭丽娜, 2018. 中华蜜蜂气味受体基因 *Or1* 和 *Or2* 功能分析 [D]. 太原：山西农业大学.

何旭江, 江武军, 颜伟玉, 等, 2016. 蜜蜂蜂王与雄蜂幼虫饥饿信息素鉴定及其生物合成通路 [J]. 中国农业科学, 49(23): 4646-4655.

黄京平, 郭伟华, 2014. 利用固相微萃取方法分析蜜源植物的挥发性化合物 [J]. 中国蜂业, 65(5): 59-60.

蒋欣, 2018. 麦长管蚜气味结合蛋白原核表达及结合特性分析 [D]. 北京：中国农业科学院.

林方辉, 童应华, 2019. 椰心叶甲对植物挥发化合物的触角电位与行为反应 [J]. 森林与环境学报, 39(2): 214-219.

刘爱华, 孔婷婷, 张静文, 等, 2020. 苹果小吉丁虫对病虫害诱导野苹果树挥发物触角电位和行为反应 [J]. 浙江农林大学学报, 37(6): 1149-1158.

路艺, 王倩, 温俊宝, 2021. 基于沟眶象属两近缘种不同虫态转录组的气味受体基因鉴定及表达分析 [J]. 昆虫学报，64(6): 655-665.

罗术东，安建东，彭文君，等，2011. 小峰熊蜂工蜂触角感器的扫描电镜观察 [J]. 应用昆虫学报，48(2): 397-403.

王伟，刘勇，郭维明，等，2008. 西方蜜蜂对不同小菊品种花冠精油的嗅觉和触角电位反应 [J]. 南京农业大学学报，4: 73-76.

吴帆，2016. 中华蜜蜂气味结合蛋白配基结合特征和 OBP12 与吡虫啉结合机理研究 [D]. 杭州：中国计量大学.

吴国火，崔林，王梦馨，等，2020. 茶树花香气及茶叶气味对中华蜜蜂的引诱效应 [J]. 生态学报，40(12): 4024-4031.

肖波，方宁，张妍妍，等，2009. 蜚蠊目（六足总纲，昆虫纲）八种昆虫触角感受器的扫描电镜观察 [J]. 动物分类学报，34(2): 292-300.

徐伟，马延旭，张益恺，等，2018. 中华弧丽金龟甲对十二种常见植物挥发物的触角电位和嗅觉反应 [J]. 植物保护学报，45(5): 1028-1034.

杨珊珊，2015. 中华蜜蜂气味受体基因 *AcerOr1* 和 *AcerOrco* 的表达及定位研究 [D]. 太原：山西农业大学.

游银伟，2017. 果蝇嗅觉受体 Or82a 及飞蝗嗅觉受体 LmigOR3 的功能研究 [D]. 北京：中国农业大学.

于静，张卫星，马兰婷，等，2019. 饲粮 α-亚麻酸水平对意大利蜜蜂工蜂幼虫生理机能的影响 [J]. 中国农业科学，52(13): 2368-2378.

于庭洪，王林美，谭吉众，等，2020. 黑广肩步甲触角感器的扫描电镜观察 [J]. 辽宁农业科学，6: 1-6.

张林雅，谢冰花，倪翠侠，等，2012. 中华蜜蜂 *Orco* 嗅觉受体基因的克隆、表达及亚细胞定位 [J]. 昆虫学报，55(11): 1246-1254.

张帅，张永军，苏宏华，等，2009a. 棉铃虫气味受体的克隆与组织特异性表达 [J]. 昆虫学报，52(7): 728-735.

张帅，张永军，苏宏华，等，2009b. 中红侧沟茧蜂非典型气味受体的克隆及组织特异性表达 [J]. 中国农业科学，42(5): 1639-1645.

张元臣，2011. 烟夜蛾气味受体基因和精氨酸激酶基因的克隆与表达分析 [D]. 郑州：河南农业大学.

Abrieux A, Debernard S, Maria A, et al., 2013. Involvement of the G-protein-coupled dopa-mine/ecdysteroid receptor DopEcR in the behavioral response to sex pheromone in an insect[J]. Plos one, 8(9): e72785.

Ågren L, 1977. Flagellar sensilla of some Colletidae (Hymenoptera: Apoidea)[J]. International journal of insect morphology and embryology, 6(3/4): 137-146.

Ågren L, 1978. Flagellar sensilla of two species of Andrena (Hymenoptera: Andrenidae)[J]. International journal of insect morphology and embryology, 7(1): 73-79.

Ahmed T, Zhang T T, Wang Z Y, et al., 2013. Morphology and ultrastructure of antennal sensilla of *Macrocentrus cingulum* Brischke (Hymenoptera: Braconidae) and their probable functions[J]. Micron, 50: 35-43.

Audic S, Claverie J M, 1997. The significance of digital gene expression profiles[J]. Genome research, 10: 986-995.

Benton R, Sachse S, Michnick S W, et al., 2006. Atypical membrane topology and heteromeric function of *Drosophila* odorant receptors in vivo[J]. Plos one biology, 4(2): e20.

Biessmann H, Nguyen Q K, Le D, et al., 2005. Microarray-based survey of a subset of putative olfactory genes in the mosquito *Anopheles gambiae*[J]. Insect molecular biology, 14 (6): 575-589.

Bleeker M A K, Smid H M, Van Aelst A C, et al., 2004. Antennal sensilla of two parasitoid wasps: a comparative scanning electron microscopy study[J]. Microscopy research and technique, 63(5): 266-273.

Borries F A, Kudla A M, Kim S, et al., 2019. Ketalization of 2-heptanone to prolong its activity as mite re-pellant for the protection of honey bees[J]. Journal of the science of food and agriculture, 99(14): 6267-6277.

Clyne P J, Warr C G, Freeman M R, et al., 1999. A novel family of divergent seven-transmembrane proteins: candidate odorant receptors in *Drosophila*[J]. Neuron, 22(2): 327-338.

Damberger F F, Ishida Y, Leal W S, et al., 2007. Structural basis of ligand binding and release in insect pheromone-binding proteins: NMR structure of *Antheraea polyphemus* PBP1 at pH 4.5[J]. Journal of molecular biology, 373(4): 811-819.

DeGennaro M, Mcbride C S, Secholzer L, et al., 2013. Orco mutant mosquitoes lose strong preference for humans and are not repelled by volatile DEET[J]. Nature, 498(7455): 487-491.

Endo K, Aoki T, Yoda Y, et al., 2007. Notch signal organizes the *Drosophila* olfactory circuitry by diver-sifying the sensory neuronal lineages[J]. Nature neuroscience, 10(2): 153-162.

Esslen J, Kaissling K E, 1976. Number and distribution of the sensilla on the antennal flagellam of the honeybee (*Apis mellifera* L.)[J]. Zoomorphologie, 83(3): 227-251.

Ferguson S T, Bakis I, Zwiebel L J, 2021. Advances in the study of olfaction in eusocial ants[J]. Insects, 12(3): 252.

Feyereisen R, Koener J F, Farnsworth D E, et al., 1989. Isolation and sequence of cDNA encoding a cyto-chrome P450 from an inseetieide-resistantstrain of the house fiy *Musca domestiea*[J]. Proceedings of the national academy of sciences of the United States of America, 86: 1465-1469.

Forêt S, Maleszka R, 2006. Function and evolution of a gene family encoding odorant binding-like proteins in a social insect, the honey bee (*Apis mellifera*)[J]. Genome research, 16(11): 1404-1413.

Forêt S, Wanner K W, Maleszka R, 2007. Chemosensory proteins in the honey bee: insights from the annotated genome, comparative analyses and expressional profiling[J]. Insect biochemistry and molecular Biology, 37(1): 19-28.

González D, Zhao Q, McMahan C, et al., 2009. The major antennal chemosensory protein of red imported fire ant workers[J]. Insect molecular biology, 18(3): 395-404.

Gress J C, Robertson H M, Weaver D K, et al., 2013. Odorant receptors of a primitive hymenopteran pest, the wheat stem sawfly[J]. Insect molecular biology, 22(6): 659-667.

Grosjean Y, Rytz R, Farine J P, et al., 2011. An olfactory receptor for food-derived odours promotes male courtship in *Drosophila*[J]. Nature, 478(7368): 236-240.

Gu S H, Sun L, Yang R N, et al., 2014. Molecular characterization and differential expression of olfactory genes in the antennae of the black cutworm moth *Agrotis ipsilon*[J]. Plos one, 9(8): e103420.

Gu S H, Yang R N, Guo M B, 2013. Molecular identification and differential expression of sensory neuron membrane proteins in the antennae of the black cutworm moth *Agrotis ipsilon*[J]. Journal of insect physiology, 59(4): 430-443.

Guo D, Hao C, Cui X, et al., 2021. Molecular and functional characterization of the novel odorant-binding protein gene *AccOBP10* from *Apis cerana cerana*[J]. Journal of biochemistry, 169(2): 215-225.

Guo M, Pu Z X, Chen Q Y, et al., 2021. Odorant receptors for detecting flowering plant cues are functionally conserved across moths and butterflies[J]. Molecular biology and evolution, 38(4): 1413-1427.

He X J, Zhang X C, Jiang W J, et al., 2016. Starving honey bee (*Apis mellifera*) larvae signal pheromonally to worker bees[J]. Scientific reports, 6: 22359.

Hekmat-Scafe D, Scafe C, Mckinney A, et al., 2002. Genome-wide analysis of the odorant-binding protein gene family in *Drosophila melanogaster*[J]. Genome reasearch, 12(9): 1357-1369.

Ishida Y, Ishibashi J, Leal W S, 2013. Fatty acid solubilizer from the oral disk of the blowfly[J]. Plos one, 8(1): e51779.

Jacquin-Joly E, Vogt R G, Francois M C, et al., 2001. Functional and expression pattern analysis of chemosensory proteins expressed in antennae and pheromonal gland of *Mamesrtra brassicae*[J]. Chemical senses, 26(7): 833-844.

Jeong Y T, Shim J, Oh S R, et al., 2013. An odorant-binding protein required for suppression of sweet taste by bitter chemicals[J]. Neuron, 79(4): 725-737.

Jones W D, Nguyen T A, Kloss B, et al., 2005. Functional conservation of an insect odorant receptor gene across 250 million years of evolution[J]. Current biology, 15(4): 119-121.

Jordan M D, Anderson A, Begum D, et al., 2009. Odorant receptors from the light brown apple moth (*Epiphyas postvittana*) recognize important volatile compounds produced by plants[J]. Chemical senses, 34(5): 383-394.

Krieger J, Grosse-Wilde E, Gohl T, 2005. Candidate pheromone receptors of the silkmoth *Bombyx mori*[J]. European journal of neuroscience, 21(8): 2167-2176.

Krieger J, Grosse-Wilde E, Gohl T, et al., 2004. Genes encoding candidate pheromone receptors in a moth (*Heliothis virescens*)[J]. Proceedings of the national academy of sciences of the United States of America, 101(32): 11845-11850.

Krieger J, Klink O, Mohl C, et al., 2003. A candidate olfactory receptor subtype highly conserved across different insect orders[J]. Journal of comparative physiology A, 189(7): 519-526.

Krogh A, Larsson B, von Heijne G, et al., 2001. Predicting transmembrane protein topology with a hidden Markov model: application to complete genomes[J]. Journal of molecular cell biology, 305: 567-580.

Kromann S H, Saveer A M, Binyameen M, et al., 2015. Concurrent modulation of neuronal and behavioural olfactory responses to sex and host plant cues in a male moth[J]. Proceedings of the biological sciences, 282(1799): 20141884.

Lacher V, Schneider D, 1963. Elektrophysiologischer nachweis der riechfunktion von porenplatten (Sensilla placodea) auf den antennen der drohne und der arbeitsbiene (*Apis mellifica* L.)[J]. Zeitschrift für vergleichende physiologie, 47: 274-278.

Legan A W, Jernigan C M, Miller S E, et al., 2021. Expansion and accelerated evolution of 9-exon odorant receptors in polistes paper wasps[J]. Molecular biology and evolution, 38(9): 3832-3846.

Li H L, Ni C X, Tan J, et al., 2016. Chemosensory proteins of the eastern honeybee, *Apis cerana*: Identifi-cation, tissue distribution and olfactory related functional characterization[J]. Comparative biochemistry and physiology part B: biochemistry and molecular biology, 194-195: 11-19.

Li Z B, Wei Y, Sun L, et al., 2019. Mouthparts enriched odorant binding protein AfasOBP11 plays a role in the gustatory perception of *Adelphocoris fasciaticollis*[J]. Journal of insect physiology, 117: 103915.

Lin H H, Cao D S, Sethi S, et al., 2016. Hormonal modulation of pheromone detection enhances male courtship success[J]. Neuron, 90(6): 1272-1285.

Liu H M, Liu T, Xie L H, et al., 2016. Functional analysis of Orco and odorant receptors in odor recognition in *Aedes albopictus*[J]. Parasites & vectors, 9(1): 363.

Liu X L, Zhang J, Yan Q, et al., 2020. The Molecular basis of host selection in a crucifer-specialized moth[J]. Current biology, 30(22): 4476-4482.

Ma L, Gu S H, Liu Z W, et al., 2014. Molecular characterization and expression profiles of olfactory receptor genes in the parasitic wasp, *Microplitis mediator* (Hymenoptera: Braconidae)[J]. Journal of insect physiology, 60: 118-126.

Merlin C, François M C, Bozzolan F, et al., 2005. A new aldehyde oxidase selectively expressed in chemosensory organs of insects[J]. Biochemical and biophysical research communications, 332(1): 4-10.

Mesquita R D, Vionette-Amaral R J, Lowenberger C, et al., 2016. Genome of *Rhodnius prolixus*, an insect vector of Chagas disease, reveals unique adaptations to hematophagy and parasite infection[J]. Pro-ceedings of the national academy of sciences of the United States of America, 112(48): 14936-14941.

Miura N, Nakagawa T, Touhara K, et al., 2010. Broadly and narrowly tuned odorant receptors are involved in female sex pheromone reception in *Ostrinia* moths[J]. Insect biochemistry and molecular biology, 40(1): 64-73.

Nei M, Niimura Y, Nozawa M, 2008. The evolution of animal chemosensory receptor gene repertoires: roles of chance and necessity[J]. Nature reviews genetics, 9(12): 951-963.

Nichols Z, Vogt R G, 2008. The SNMP/CD36 gene family in Diptera, Hymenoptera and Coleoptera: *Drosophila melanogaster*, *D. pseudoobscura*, *Anopheles gambiae*, *Aedes aegypti*, *Apis mellifera*, and *Tribolium castaneum*[J]. Insect biochemistry and molecular biology, 38(4): 398-415.

Nishimura O, Brillada C, Yazawa S, et al., 2012. Transcriptome pyrosequencing of the parasitoid wasp *Cotesia vestalis*: genes involved in the antennal odorant-sensory system[J]. Plos one, 7(11): e50664.

Onagbola E O, Fadamiro H Y, 2008. Scanning electron microscopy studies of antennal sensilla of *Pteromalus cerealellae*, (Hymenoptera: Pteromalidae)[J]. Micron, 39(5): 526-535.

Ozaki K, Utoguchi A, Yamada A, et al., 2008. Identification and genomic structure of chemosensory proteins (CSP) and odorant binding proteins (OBP) genes expressed in foreleg tarsi of the swallowtail butterfly *Papilio xuthus*[J]. Insect biochemistry and molecular biology, 38(11): 969-976.

Pask G M, Bobkov Y V, Corey E A, et al., 2013. Blockade of insect odorant receptor currents by amiloride derivatives[J]. Chemcial senses, 38(3): 221-229.

Patch H M, Velarde R A, Walden K K O, et al., 2009. A Candidate pheromone receptor and two odorant receptors of the Hawkmoth *Manduca sexta*[J]. Chemical senses, 34(4): 305-316.

Pelosi P, Iovinella I, Zhu J, et al., 2018. Beyond chemoreception: diverse tasks of soluble olfactory proteins in insects[J]. Biological reviews of the cambridge philosophical society, 93(1): 184-200.

Ribeiro J M, Genta F A, Sorgine M H, et al., 2014. An insight into the transcriptome of the digestive tract of the bloodsucking bug, *Rhodnius prolixus*[J]. Plos neglected tropical diseases, 8(1): e2594.

Robertson H M, Warr C G, Carlson J R, 2003. Molecular evolution of the insect chemoreceptor gene su-perfamily in *Drosophila melanogaste*[J]. Proceedings of the national academy of sciences of the United States of America, 100: 14537-14542.

Robertson HM, Wanner KW, 2006. The chemoreceptor superfamily in the honeybee *Apis mellifera*: expansion of the odorant, but not gustatory, receptor family[J].

Genome research, 16(1): 1395-1403.

Roelofa W L, Rooney A P, 2003. Molecular genetics and evolution of pheromone biosynthes is in Lepidoptera[J]. Proceedings of the national academy of sciences of the United States of America, 100(16): 9179-9184.

Rogers M E, Sun M, Lerner M R, et al., 1997. Snmp-1, a novel membrane protein of olfactory neurons of the silk moth *Antheraea ployphemus* with homology to the CD36 family of membrane proteins[J]. Journal of biological chemistry, 272(23): 14792-14799.

Röllecke K, Werner M, Ziemba PM, et al., 2013. Amiloride derivatives are effective blockers of insect odorant receptors[J]. Chemcial senses, 38(3): 231-236.

Ronderos D S, Smith D P, 2010. Activation of the T1 neuronal circuit is necessary and sufficient to induce sexually dimorphic mating behavior in *Drosophila melanogaster*[J]. The journal of neuroscience, 30(7): 2595-2599.

Root CM, Ko KI, Jafari A, et al., 2011. Presynaptic facilitation by neuropeptide signaling mediates odor-driven food search[J]. Cell, 145(1): 133-144.

Rost B, Yachdav G, Liu J, 2003. The predict protein server[J]. Nucleic acids research, 32(Web Server issue): W321-W326.

Rützler M, Zwiebel L J, 2005. Molecular biology of insect olfaction: recent progress and conceptual models[J]. Journal of comparative physiology A volume, 191(9): 777-790.

Sakurai T, Nakagawa T, Mitsuno H, et al., 2004. Identification and functional characterization of a sex pheromone receptor in the silkmoth *Bombyx mori*[J]. Proceedings of the national academy of sciences of the United States of America, 101(47): 16653-16658.

Sandler B H, Nikonova L, Leal W S, et al., 2000. Sexual attraction in the silkworm moth: structure of the pheromone-binding-protein-bombykol complex[J]. Chemistry & biology, 7(2): 143-151.

Sato K, Pellegrino M, Nakagawa T, et al., 2008. Insect olfactory receptors are heteromeric ligand-gated ion channels[J]. Nature, 452(7190): 1002-1006.

Schneider D, 1964. Insect antennae[J]. Annual review of entomology, 9: 103-122.

Shields V D C, Hildebrand J G, 2001. Recent advances in insect olfaction, specifically regarding the morphology and sensory physiology of antennal sensilla of the female sphinx moth *Manduca sexta*[J]. Microscopy research and technique, 55(5): 307-329.

Shields V D C, Hildebrand J G, 1999. Fine structure of antennal sensilla of the female sphinx moth, *Manduca sexta* (Lepidoptera: Sphingidae). II. Auriculate, coeloconic, and styliform complex sensilla[J]. Canadian journal of zoology, 77(2): 302-313.

Smart R, Kiely A, Beale M, et al., 2008, Drosophila odorant receptors are novel seven transmembrane domain proteins that can signal independently of heterotrimeric G proteins[J]. Insect biochemistry and molecular biology, 38(8): 770-780.

Smartt C T, Erickson J S, 2009. Expression of a novel member of the odorant-binding protein gene Smartt family in *Culex nigripalpus* (Diptera: Culicidae)[J]. Journal of medical entomology, 46(6): 1376-1381.

Snyder M J, Walding J K, Feyereisen R, 1995. Glutathione S-transferases from larval *Mnduca sexta* midgut: sequence of two cDNAs and enzyme induction[J]. Insect biochemistry and molecular biology, 25(4): 455-465.

Song X M, Zhang L Y, Fu X B, et al., 2018. Various bee pheromones binding affinity, exclusive chemosen-sillar localization, and key amino acid sites reveal the distinctive characteristics of odorant-binding protein 11 in the eastern honey bee, *Apis cerana*[J]. Frontiers in physiology, 9: 422.

Spinelli S, Lagarde A, Iovinella I, et al., 2012. Crystal structure of *Apis mellifera* OBP14, a C-minus odorant-binding protein, and its complexes with odorant molecules[J]. Insect biochemistry and molecular biology, 42(1): 41-50.

Spletter M L, Luo L, 2009. A new family of odorant receptors in *Drosophila*[J]. Cell, 136(1): 23-25.

Steinbrecht R A, Ozaki M, Ziegelberger G, 1992. Immunocytochemical localization of pheromone-binding protein in moth antennae[J]. Cell and tissue research, 270: 287-302.

Steinbrecht R A, 1970. Zur morphometrie der antenne des seidenspinners, *Bombyx mori* L.: zahl und verteilung der riechsensillen (Insecta, Eepidoptera)[J]. Zeitschrift für morphologie der Tiere, 68: 93-126.

Sun L, Wei Y, Zhang D D, et al., 2016. The mouthparts enriched odorant binding protein 11 of the alfalfa plant bug *Adelphocoris lineolatus* displays a preferential binding behavior to host plant secondary metabolites[J]. Frontiers in physiology, 7(1): 201.

Sun Y L, Huang L Q, Pelosi P, et al., 2012. Expression in antennae and reproductive organs suggests a dual role of an odorant-binding protein in two sibling *Helicoverpa species*[J]. Plos one, 7: e30040.

Suwannapong G, Noiphrom J, Benbow M E, 2012. Ultramorphology of antennal sensillain that single open nest honeybees (Hymenoptera: Apidae)[J]. The journal of Asian entomology, 1: 1-12.

Vogt R G, Riddiford L M, Prestwich G D, 1985. Kinetic properties of a sex pheromone degrading enzyme: the sensill are sterase of *Antheraea polyphemus*[J]. Proceedings of the national academy of sciences of the United States of America, 82(24): 8827-8831.

Wang Y L, Chen Q, Guo J Q, et al., 2017. Molecular basis of peripheral olfactory sensing during oviposition in the behavior of the parasitic wasp *Anastatus japonicus*[J]. Insect biochemistry and molecular biology, 89: 58-70.

Wanner K W, Anderson A R, Trowell S C, et al., 2007. Female-biased expression of odourant receptor genes in the adult antennae of the silkworm, *Bombyx mori*[J]. Insect molecular biology, 16(1): 107-119.

Wicher D, 2015. Olfactory signaling in insects[J]. Progress in molecular biology and translational science, 130: 37-54.

Wicher D, Schfer R, Bauernfeind R, et al., 2008. *Drosophila* odorant receptors are both ligand-gated and cyclic-nucleotide-activated cation channels[J]. Nature, 452: 1007-1011.

Wu F, Ma C, Han B, et al., 2019. Behavioural, physiological and molecular changes in alloparental caregivers may be responsible for selection response for female reproductive investment in honey bees[J]. Molecular ecology, 28(18): 4212-4227.

Xiu W, Zhang Y, Yang D, et al., 2010. Molecular cloning and cDNA sequence analysis of two new lepidopteran *OR83b* orthologue chemoreceptors[J]. Agricultural science in China, 9(8): 1160-1166.

Yang Z, Bielawski J P, 2000. Statistical methods for detecting molecular adaptation[J]. Trends in ecology and evolution, 15(12): 496-503.

Yi X, Qi J, Zhou X, et al., 2017. Differential expression of chemosensory-protein genes in midguts in response to diet of *Spodoptera litura*[J]. Scientific reports, 7(1): 296.

Yokohari F, 1983. The coelocapitular sensillum, an antennal hygro- and thermoreceptive sensillum of the honey bee, *Apis mellifera* L.[J]. Cell and tissue research, 233(2): 355-365.

Zhao H X, Zeng X N, Liang Q, et al., 2015. Study of the obp5 gene in *Apis mellifera ligustica* and *Apis cerana cerana*[J]. Genetics and molecular research, 14(2): 6482-6494.

Zhao Y N, Wang F Z, Zhang X Y, et al., 2016. Transcriptome and expression patterns of chemosensory genes in antennae of the parasitoid wasp *Chouioia cunea*[J]. Plos one,

11(2): e0148159.

Zhou J J, He X L, Pickett J A, et al., 2008. Identification of odorant-binding proteins of the yellow fever mosquito *Aedes aegypti*: genome annotation and comparative analyses[J]. Insect molecular biology, 17(2): 147-163.

Zhou J J, Robertson G, He X L, et al., 2009. Characterisation of *Bombyx mori*, odorant-binding proteins reveals that a general odorant-binding protein discriminates between sex pheromone components[J]. Journal of molecular biology, 389(3): 529-545.

Zhou S H, Zhang S G, Zhang L, et al., 2010. Expression of chemosensory proteins in hairs on wings of *Locusta migratoria* (Orthoptera: Acrididae)[J]. Journal of applied entomology, 132(6): 439-450.

附表 1 　中蜂触角候选 ORs 的序列特征及不同发育阶段的相对表达量

基因 ID	基因名	ORF 完整性	ORF 长度 (aa)	跨膜数	RPKM 值								西方蜜蜂同源基因		
					T1-1	T1-2	T2-1	T2-2	T3-1	T3-2	T4-1	T4-2	基因 c	E 值	同源性 (%)
c69500.graph-c0	OR1	Yes	400	6	18.11	17.93	21.07	15.44	18.34	21.68	21.33	22.01	OR1	0	98
c67239.graph-c0	OR2	Yes	478	7	177.58	179.83	188.42	181.76	176.40	194.40	181.56	196.76	OR2	0	99
c70127.graph-c0	OR5	Yes	401	6	35.19	37.93	48.50	37.72	49.66	48.57	52.37	50.15	OR5	0	94
c68791.graph-c0	OR13	No	–	–	43.04	42.09	60.93	62.25	55.46	64.06	63.00	68.67	OR13	0	97
c70257.graph-c0	OR16	No	–	–	73.42	73.70	86.33	80.24	72.33	81.32	85.89	88.09	OR16	1.00E-161	95
c70257.graph-c0	OR18	Yes	411	6	73.42	73.70	86.33	80.24	72.33	81.32	85.89	88.09	OR18	0	98
c66900.graph-c0	OR20	No	–	–	13.52	13.63	15.33	15.03	15.01	16.11	18.59	17.78	OR20	0	96
c66900.graph-c0	OR23	No	–	–	13.52	13.63	15.33	15.03	15.01	16.11	18.59	17.78	OR23	4.00E-161	86
c68828.graph-c1	OR24	No	–	–	22.40	22.01	29.31	27.26	25.54	27.50	29.65	31.37	OR24	1.00E-137	95
c67366.graph-c0	OR26	Yes	403	5	20.76	22.02	32.38	32.74	24.96	31.66	32.81	30.43	OR26	0	93
c67366.graph-c0	OR27	Yes	405	8	20.37	21.56	31.82	32.24	24.39	31.14	32.15	29.85	OR27	0	97
c65220.graph-c0	OR28*	Yes	405	6	3.68	3.92	7.55	7.14	7.75	8.00	7.20	7.19	OR28	0	96

续表

基因ID	基因名	ORF完整性	ORF长度(aa)	跨膜数	RPKM值								西方蜜蜂同源基因		
					T1-1	T1-2	T2-1	T2-2	T3-1	T3-2	T4-1	T4-2	基因c	E值	同源性(%)
c70242.graph-c0	OR35	Yes	413	7	10.85	10.73	14.39	12.69	14.81	16.05	16.18	16.57	OR35	0	95
c69441.graph-c0	OR46	Yes	406	4	63.52	72.85	62.47	62.59	49.91	59.54	61.58	63.72	OR46	0	92
c68433.graph-c0	OR53	Yes	409	5	42.72	44.52	40.93	34.44	38.73	45.21	42.57	44.99	OR53	0	89
c69344.graph-c0	OR57	Yes	407	6	17.32	17.56	21.85	18.67	23.75	25.43	26.07	27.63	OR57	0	97
c68433.graph-c0	OR58	No	–	–	42.72	44.52	40.93	34.44	38.73	45.21	42.57	44.99	OR58	1.00E-170	98
c65302.graph-c0	OR62	Yes	385	5	7.50	6.26	7.40	6.83	6.02	6.53	5.22	6.00	OR62	0	88
c69134.graph-c0	OR64	Yes	393	6	21.92	21.45	32.82	37.90	30.63	33.40	36.22	36.70	OR64	0	94
c68872.graph-c0	OR68	Yes	375	6	3.46	3.83	3.18	3.23	3.48	4.25	4.20	4.13	OR68	0	100
c56937.graph-c0	OR70	Yes	372	5	13.26	13.44	16.77	20.48	17.49	17.84	18.95	19.48	OR70	0	98
c69447.graph-c0	OR71	Yes	371	5	12.05	13.67	17.09	20.10	15.18	17.22	16.97	17.92	OR71	0	98
c69447.graph-c0	OR72	Yes	370	6	12.05	13.67	17.09	20.10	15.18	17.22	16.97	17.92	OR72	0	95
c67615.graph-c0	OR73	Yes	388	3	3.10	2.75	3.15	2.68	2.81	3.20	2.29	3.22	OR73	0	90
c69036.graph-c4	OR74	Yes	402	6	13.81	11.93	12.76	14.29	14.93	15.62	14.65	14.23	OR74	0	91
c70270.graph-c0	OR76	Yes	426	6	4.23	3.91	4.95	6.25	4.77	4.41	5.95	7.09	OR76	0	86
c65858.graph-c0	OR81	Yes	405	6	19.29	17.43	19.09	25.78	19.14	22.11	23.17	23.02	OR81	0	92
c69036.graph-c4	OR84	Yes	392	5	13.56	11.68	12.54	14.07	14.59	15.36	14.36	13.96	OR84	0	82
c68298.graph-c3	OR85	Yes	411	8	5.73	5.76	6.88	6.78	5.69	6.46	7.88	8.14	OR85	0	93
c68298.graph-c3	OR86	Yes	403	5	5.73	5.76	6.88	6.78	5.69	6.46	7.88	8.14	OR86	0	92

续表

基因ID	基因名	ORF完整性	ORF长度(aa)	跨膜数	RPKM值								西方蜜蜂同源基因		
					T1-1	T1-2	T2-1	T2-2	T3-1	T3-2	T4-1	T4-2	基因°	E值	同源性(%)
c65378.graph-c0	OR87	Yes	414	7	3.91	4.09	4.67	3.96	4.76	4.95	4.55	4.80	OR87	0	97
c70217.graph-c0	OR88	Yes	431	7	15.56	15.46	19.06	23.93	19.18	21.60	20.89	21.65	OR88	0	90
c70217.graph-c0	OR90	Yes	407	7	15.56	15.46	19.06	23.93	19.18	21.60	20.89	21.65	OR90	0	93
c69881.graph-c0	OR91	No	404	–	24.40	27.29	33.51	34.98	30.79	33.91	33.22	38.43	OR91	0	87
c69406.graph-c0	OR94	Yes	407	6	8.17	8.09	11.41	11.05	10.65	12.20	11.41	11.70	OR94	0	91
c69189.graph-c0	OR96	Yes	410	7	3.38	4.16	3.62	3.48	3.63	4.71	4.34	5.31	OR96	0	96
c56936.graph-c0	OR97	Yes	395	6	1.08	1.04	0.93	0.69	1.67	2.33	1.45	1.59	OR97	0	94
c68538.graph-c0	ORI00	Yes	414	4	2.46	3.36	3.61	3.15	2.89	2.74	3.40	4.37	ORI00	0	90
c70178.graph-c0	ORI01	Yes	406	3	12.08	13.11	14.43	12.07	13.27	15.08	14.96	15.16	ORI01	0	95
c69146.graph-c0	ORI03	Yes	403	4	32.79	31.60	30.42	23.18	29.91	32.34	36.23	36.82	ORI03	0	95
c69773.graph-c0	ORI04	Yes	405	4	11.52	10.92	10.75	7.08	12.40	11.83	14.17	13.29	ORI04	0	96
c70529.graph-c0	ORI06	Yes	388	7	16.01	15.53	17.06	17.73	17.62	19.37	21.47	21.31	ORI06	0	91
c70529.graph-c0	ORI07	Yes	391	5	16.01	15.53	17.06	17.73	17.62	19.37	21.47	21.31	ORI07	0	95
c65323.graph-c0	ORI09	Yes	392	6	29.29	29.74	33.98	34.83	27.77	32.23	36.28	37.44	ORI09	0	89
c70236.graph-c0	ORI12	Yes	388	6	4.19	3.69	3.24	3.25	3.74	3.97	3.92	4.70	ORI12	0	96
c67559.graph-c1	ORI13*	Yes	389	6	1.87	2.21	4.49	4.17	3.71	3.41	4.83	3.90	ORI13	0	94
c66726.graph-c0	ORI14	Yes	392	6	5.60	3.95	4.27	3.64	6.42	5.24	4.80	5.01	ORI14	0	93
c64278.graph-c0	ORI15	Yes	399	6	10.83	8.17	16.94	18.85	15.61	16.69	16.65	17.29	ORI15	0	95

续表

基因ID	基因名	ORF完整性	ORF长度(aa)	跨膜数	RPKM值								西方蜜蜂同源基因		
					T1-1	T1-2	T2-1	T2-2	T3-1	T3-2	T4-1	T4-2	基因c	E值	同源性(%)
c72753.graph-c0	ORI16	No	206	–	2.22	2.56	3.41	2.12	3.30	3.48	2.76	3.04	ORI16	9.00E-106	96
c36301.graph-c0	ORI17	No	271	–	1.33	1.05	1.82	1.93	1.04	0.84	1.73	1.83	ORI17	1.00E-149	93
c28430.graph-c1	ORI18	No	–	–	1.02	1.02	0.99	0.73	0.39	1.02	1.27	0.99	ORI18	2.00E-171	96
c66411.graph-c0	ORI19*	Yes	411	7	0.59	0.62	1.05	0.79	1.38	1.37	0.74	1.12	ORI19	0	86
c61779.graph-c0	ORI20	No	–	–	4.72	4.66	4.67	2.64	3.73	4.27	3.93	4.30	ORI20	1.00E-122	96
c53036.graph-c0	ORI24	No	–	–	0.74	0.43	0.90	0.74	0.53	1.29	0.23	0.25	ORI24	7.00E-58	78
c71095.graph-c0	ORI25	No	–	–	7.69	7.71	7.16	4.63	5.20	6.19	6.68	9.00	ORI25	8.00E-64	67
c64197.graph-c1	ORI30	No	–	–	1.94	2.39	2.33	1.72	2.31	2.01	2.01	1.70	ORI30	1.00E-128	80
c70677.graph-c0	ORI39*	Yes	387	7	8.14	8.50	20.57	20.63	36.20	30.80	19.63	20.14	ORI39	2.00E-164	64
c57617.graph-c0	ORI40	Yes	428	6	10.10	10.85	10.70	7.87	9.24	10.32	10.82	10.34	ORI40	0	95
c70711.graph-c3	ORI41*	Yes	432	7	5.17	4.60	11.67	12.88	9.71	12.38	11.94	12.63	ORI41	0	95
c39732.graph-c0	ORI42	Yes	375	6	0.56	0.45	0.73	0.57	0.55	0.60	0.53	0.51	ORI42	0	94
c68527.graph-c0	ORI44	Yes	372	6	12.66	12.92	14.14	12.66	13.01	15.05	15.54	16.53	ORI44	0	91

续表

基因ID	基因名	ORF完整性	ORF长度(aa)	跨膜数	RPKM值								西方蜜蜂同源基因		
					T1-1	T1-2	T2-1	T2-2	T3-1	T3-2	T4-1	T4-2	基因°	E值	同源性(%)
c69284.graph-c0	OR146	Yes	374	8	6.73	5.84	5.53	4.96	6.04	5.75	6.48	6.50	OR146	0	92
c68527.graph-c0	OR151	Yes	366	6	12.43	12.65	13.89	12.46	12.71	14.80	15.22	16.21	OR151	1.00E-120	59
c58084.graph-c0	OR154	Yes	374	6	4.66	5.48	7.52	5.52	5.10	5.68	5.73	5.66	OR154	0	96
c78216.graph-c0	OR156	Yes	364	7	0.94	0.81	0.74	0.25	0.40	0.54	0.59	0.81	OR156	0	95
c57540.graph-c0	OR157	Yes	370	6	0.62	0.49	0.97	1.14	0.95	1.26	1.42	1.32	OR157	0	91
c62462.graph-c0	OR159	Yes	321	5	7.79	7.59	6.02	4.01	8.06	8.31	7.33	6.54	OR159	6.00E-71	76
c67664.graph-c1	OR160	Yes	390	7	13.79	13.40	17.42	16.04	18.83	18.78	19.02	19.10	OR160	0	99
c64215.graph-c0	OR161	Yes	385	5	13.08	12.69	13.75	14.09	11.68	13.72	12.59	15.59	OR161	0	96
c69738.graph-c0	OR162	Yes	410	5	8.34	7.07	11.91	11.70	12.22	11.54	10.00	11.98	OR162	4E-69	91
c66911.graph-c0	OR163	Yes	387	6	6.31	6.93	6.02	6.12	7.53	7.04	7.78	7.20	OR163	0	89
c55975.graph-c0	OR164	Yes	383	5	3.10	3.59	3.41	2.78	2.84	3.85	4.68	3.69	OR164	0	97
c59293.graph-c0	OR167*	Yes	436	5	9.38	10.89	18.55	18.39	17.42	19.48	21.48	21.04	OR167	0	92
c69502.graph-c0	OR170	Yes	397	6	7.68	6.08	6.33	6.25	5.35	5.61	6.10	6.47	OR170	0	89

注：*代表差异表达基因DEGs；基因°代表被鉴定的西方蜜蜂同源基因（Robertson et al., 2006）；—代表无完整ORF开放阅读框的基因。

附表2 中蜂触角候选OBPs的序列特征及不同发育阶段的相对表达量

基因ID	基因名	ORF完整性	ORF长度(aa)	信号肽	RPKM值								西方蜜蜂同源基因		
					T1-1	T1-2	T2-1	T2-2	T3-1	T3-2	T4-1	T4-2	基因[a]	E值	同源性(%)
c42411.graph-c2	OBP1	Yes	143	1-24	11 297.52	10 172.42	17 575.82	22 798.16	15 741.55	15 675.90	16 879.60	19 211.18	OBP1	2.00E-92	89
c45966.graph-c0	OBP2	Yes	142	1-19	10 480.13	9 871.22	10 697.94	14 529.16	9 295.87	9 686.50	11 250.54	12 430.88	OBP2	6.00E-96	94
c65620.graph-c0	OBP3	Yes	140	1-22	1.47	1.90	1.70	1.80	2.01	8.42	1.14	1.13	OBP3	8.00E-84	91
c54406.graph-c0	OBP4	Yes	137	1-20	215.63	224.11	312.39	360.66	285.40	316.95	338.04	343.46	OBP4	2.00E-74	78
c68504.graph-c0	OBP5	Yes	146	1-26	1 534.36	1 514.49	2 684.39	3 403.12	2 221.80	2 314.48	2 647.13	2 847.31	OBP5	3.00E-95	89
c68504.graph-c0	OBP6	Yes	146	1-24	1 534.36	1 514.49	2 684.39	3 403.12	2 221.80	2 314.48	2 647.13	2 847.31	OBP6	1.00E-87	90
c54600.graph-c0	OBP7*	Yes	145	1-19	8.01	7.76	42.99	47.09	44.67	43.33	57.24	59.82	OBP7	3.00E-80	86
c29112.graph-c0	OBP9	Yes	132	1-23	0.23	0.27	0.69	0.46	0.82	0.13	0.57	0.46	OBP9	6.00E-93	98
c60858.graph-c0	OBP10	Yes	149	1-22	60.37	54.31	23.13	20.25	19.81	17.88	15.35	18.77	OBP10	7.00E-858	96
c66453.graph-c0	OBP11	Yes	142	NO	46.49	48.33	69.35	75.59	57.95	62.45	67.16	69.41	OBP11	2.00E-88	90
c54514.graph-c0	OBP12*	Yes	150	1-22	17.89	19.80	42.92	45.59	35.78	39.47	36.83	36.72	OBP12	3.00E-85	82
c26273.graph-c0	OBP13*	Yes	132	1-17	10.17	11.18	0.28	0.47	0.50	0.14	0.86	0.31	OBP13	2.00E-87	98
c25191.graph-c1	OBP14*	Yes	132	1-23	181.60	185.99	524.50	503.91	484.50	503.21	572.24	576.40	OBP14	1.00E-67	85
c42419.graph-c0	OBP15*	Yes	135	1-16	129.57	140.81	1 026.38	1 177.24	906.41	1 031.21	853.18	837.03	OBP15	5.00E-66	69
c20845.graph-c0	OBP17*	Yes	135	1-16	8.39	12.48	1.68	2.06	1.00	1.21	0.87	2.30	OBP17	6.00E-23	100
c42400.graph-c0	OBP19	Yes	139	1-16	806.12	826.98	831.49	899.51	585.67	679.84	625.91	571.75	OBP19	1.00E-54	65
c69395.graph-c5	OBP21*	Yes	135	1-16	1 788.66	1 797.92	3 820.02	4 179.71	3 064.26	3 380.04	4 070.38	3 914.71	OBP21	7.00E-73	81

注：1. * 代表差异表达基因DEGs；基因[a] 代表被鉴定的西方蜜蜂同源基因（Forêt and Maleszka, 2006）。

2. T1-1 和T1-2 为1 日龄工蜂的生物学重复；T2-1 和T2-2 为10 日龄工蜂的生物学重复；T3-1 和T3-2 为15 日龄工蜂的生物学重复；T4-1 和T4-2 为1 日龄工蜂的生物学重复（此注释适用于其他附表）。

附表 3　中蜂触角候选 CSPs 的序列特征及不同发育阶段的相对表达量

基因 ID	基因名	ORF 完整性	ORF 长度 (aa)	信号肽	RPKM 值								西方蜜蜂同源基因		
					T1-1	T1-2	T2-1	T2-2	T3-1	T3-2	T4-1	T4-2	基因 [b]	E 值	同源性 (%)
c71123.graph-c0	CSP1	Yes	116	1-19	2 555.66	2 621.70	2 329.78	2 475.67	2 096.84	2 224.65	2 449.57	2 452.29	CSP1	6.00E-79	94
c59619.graph-c0	CSP2*	Yes	117	1-21	168.15	145.54	51.43	61.68	37.30	38.30	32.51	34.78	CSP2	5.0E-81	98
c71125.graph-c0	CSP3	Yes	131	1-19	4 525.12	4 442.88	2 566.17	2 992.54	2 660.61	2 526.92	2 809.55	2 774.02	CSP3	1.00E-82	97
c68379.graph-c8	CSP4	Yes	128	1-20	221.01	215.14	200.47	230.71	174.02	176.66	180.37	190.16	CSP4	3.00E-85	94
c71983.graph-c0	CSP5*	Yes	104	1-19	29.08	24.13	3.40	5.18	4.70	5.17	5.11	3.88	CSP5	8.00E-68	97
c15320.graph-c0	CSP6*	Yes	125	1-18	34.92	40.04	6.18	6.53	3.77	3.05	3.47	2.87	CSP6	6.00E-88	98

注：* 代表差异表达基因 DEGs；基因 [b] 代表被鉴定的西方蜜蜂同源基因（Forêt et al., 2006）。

附表 4　中蜂触角候选 IRs 的序列特征及不同发育阶段的相对表达量

基因 ID	基因名	ORF 完整性	ORF 长度 (aa)	跨膜数	RPKM 值								西方蜜蜂同源基因		
					T1-1	T1-2	T2-1	T2-2	T3-1	T3-2	T4-1	T4-2	基因 [d]	E 值	同源性 (%)
c68056.graph-c0	IR8a	Yes	891	5	16.37	17.14	18.54	18.81	12.28	15.59	14.43	17.22	IR8a	0	93
c67654.graph-c1	IR25a	Yes	703	2	11.14	9.38	9.92	8.29	10.45	9.58	9.82	8.50	IR25a	0	96
c65841.graph-c0	IR68a	No	–	–	4.22	4.22	3.74	1.95	3.69	3.29	3.42	3.86	IR68a	0	98
c69783.graph-c5	IR75f.1	Yes	622	4	10.92	10.12	9.32	7.28	7.98	8.63	7.27	7.72	IR75f.1	0	97
c53855.graph-c0	IR75f.2	Yes	634	2	1.23	1.07	1.64	1.60	1.60	1.94	1.52	1.72	IR75f.2	0	94

续表

基因ID	基因名	ORF完整性	ORF长度（aa）	跨膜数	RPKM值								西方蜜蜂同源基因		
					T1-1	T1-2	T2-1	T2-2	T3-1	T3-2	T4-1	T4-2	基因d	E值	同源性（%）
c48736.graph-c0	IR75f.3	No	–	–	0.84	0.91	1.37	0.59	1.13	0.97	0.80	0.78	IR75f.3	0	90
c67646.graph-c7	IR75u	No	–	–	4.43	5.94	7.10	6.79	8.45	10.86	1.81	5.24	IR75u	6E-87	92
c53468.graph-c1	IR76b*	Yes	544	5	19.95	19.79	45.92	40.84	30.48	32.20	34.47	37.49	IR76b	0	89
c67321.graph-c2	IR93a	No	–	–	3.10	3.24	2.33	1.91	2.37	2.46	2.67	2.42	IR93a	0	97
c69866.graph-c3	IR218*	Yes	470	4	289.82	270.02	102.18	101.94	108.45	114.31	93.97	96.62	IR218	0	93

注：* 代表差异表达基因DEGs；基因 d 代表被鉴定的西方蜜蜂同源基因（Croset et al., 2010）。– 代表无完整ORF 开放阅读框的基因。

附表5　中蜂触角候选SNMPs的序列特征及不同发育阶段的相对表达量

基因ID	基因名	ORF完整性	ORF长度（aa）	跨模数	RPKM值								西方蜜蜂同源基因		
					T1-1	T1-2	T2-1	T2-2	T3-1	T3-2	T4-1	T4-2	基因 e	E值	同源性（%）
c70015.graph-c0	SNMP1	Yes	574	2	194.91	185.96	251.49	262.33	219.02	238.27	244.72	263.95	SNMP1	0	98
c63242.graph-c0	SNMP2*	Yes	511	2	3.46	3.02	5.96	4.82	3.91	4.47	6.52	5.80	SNMPX	0	94

注：* 代表差异表达基因DEGs；基因 e 代表被鉴定的西方蜜蜂同源基因（Nichols et al., 2008）。

彩　图

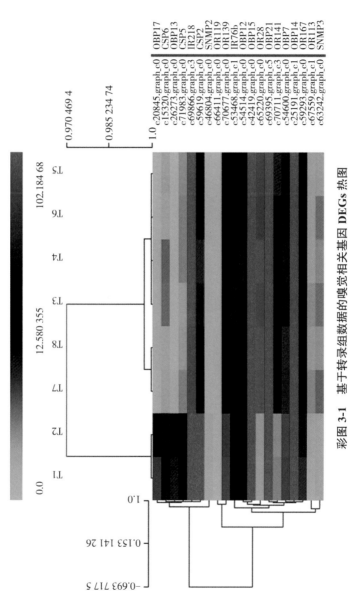

彩图 3-1　基于转录组数据的嗅觉相关基因 DEGs 热图

（图左侧显示基因聚类；图右侧为转录本 ID 和基因名称；从红色到绿色表示基因表达水平由高到低）